U0385747

广东改革开放40年研究丛书

1978—2018
改革开放

广东生态文明建设40年

Guangdong Shengtai Wenming Jianshe 40 Nian

赵细康　主编　曾云敏　副主编

·广州·

版权所有　翻印必究

图书在版编目（CIP）数据

广东生态文明建设40年/赵细康主编；曾云敏副主编．—广州：中山大学出版社，2018.12

（广东改革开放40年研究丛书）

ISBN 978-7-306-06505-6

Ⅰ.①广…　Ⅱ.①赵…②曾…　Ⅲ.①生态环境建设—研究—广东　Ⅳ.①X321.265

中国版本图书馆CIP数据核字（2018）第278027号

出 版 人：王天琪
责任编辑：梁俏茹
封面设计：林绵华
版式设计：林绵华
责任校对：周明恩
责任技编：何雅涛
出版发行：中山大学出版社
电　　话：编辑部 020-84110283，84111997，84110779，84113349
　　　　　发行部 020-84111998，84111981，84111160
地　　址：广州市新港西路135号
邮　　编：510275　　　　传　　真：020-84036565
网　　址：http://www.zsup.com.cn　　E-mail:zdcbs@mail.sysu.edu.cn
印 刷 者：广州家联印刷有限公司
规　　格：787mm×1092mm　1/16　15.125印张　230千字
版次印次：2018年12月第1版　2018年12月第1次印刷
定　　价：88.00元

如发现本书因印装质量影响阅读，请与出版社发行部联系调换

广东改革开放40年研究丛书

主　任　傅　华

副主任　蒋　斌　宋珊萍

委　员　（按姓氏笔画排序）

丁晋清　王天琪　王　珺　石佑启

卢晓中　刘小敏　李宗桂　张小欣

陈天祥　陈金龙　周林生　陶一桃

隋广军　彭壁玉　曾云敏　曾祥效

创造让世界刮目相看的新的更大奇迹

——“广东改革开放40年研究丛书”总序

中国的改革开放走过了40年的伟大历程。在改革开放40周年的关键时刻，习近平总书记亲临广东视察并发表重要讲话，这是广东改革发展史上具有里程碑意义的大事、喜事。总书记充分肯定广东改革开放40年来所取得的巨大成就，并提出了深化改革开放、推动高质量发展、提高发展平衡性和协调性、加强党的领导和党的建设等方面的工作要求，为广东新时代改革开放再出发进一步指明了前进方向，提供了根本遵循。深入学习宣传贯彻习近平总书记视察广东重要讲话精神，系统总结、科学概括广东改革开放40年的成就、经验和启示，对于激励全省人民高举新时代改革开放旗帜，弘扬敢闯敢试、敢为人先的改革精神，以更坚定的信心、更有力的举措把改革开放不断推向深入，创造让世界刮目相看的新的更大奇迹，具有重要意义。

第一，研究广东改革开放，要系统总结广东改革开放40年的伟大成就，增强改革不停顿、开放不止步的信心和决心。

广东是中国改革开放的排头兵、先行地、实验区，在改革开放和现代化建设中始终走在全国前列，取得了举世瞩目的辉煌成就，展现了改革开放的磅礴伟力。

实现了从一个经济比较落后的农业省份向全国第一经济大省的历史性跨越。改革开放40年，是广东经济发展最具活力的40年，是广东经济总量连上新台阶、实现历史性跨越的40年。40年来，广东坚持以经济建设为中心，锐意推进改革，全力扩大开放，适应、把握、引领经济发展新常态，坚定不移地推进经济结构战略性调整、经济持续快速健康发展。1978—2017年，广东GDP从185.85亿元增加到89 879.23亿元，增长约482.6倍，占全国的10.9%。1989年以来，广东GDP总量连续29年稳居全国首位，成为中国第一经济大省。经济总量先后超越新加坡、中国香港和台湾地区，

2017年超过全球第13大经济体澳大利亚，进一步逼近“亚洲四小龙”中经济总量最大的韩国，处于世界中上等收入国家水平。

实现了从计划经济体制向社会主义市场经济体制的历史性变革。改革开放40年，是广东始终坚持社会主义市场经济改革方向、深入推进经济体制改革的40年，是广东社会主义市场经济体制逐步建立和完善的40年。40年来，广东从率先创办经济特区，率先引进“三来一补”、创办“三资”企业，率先进行价格改革，率先进行金融体制改革，率先实行产权制度改革，到率先探索行政审批制度改革，率先实施政府部门权责清单、市场准入负面清单和企业投资项目清单管理，率先推进供给侧结构性改革，等等，在建立和完善社会主义市场经济体制方面走在全国前列，极大地解放和发展了社会生产力，同时在经济、政治、文化、社会和生态文明建设领域的改革也取得了重大进展。

实现了从封闭半封闭到全方位开放的历史性转折。改革开放40年，是广东积极把握全球化机遇、纵深推进对外开放的40年，是广东充分利用国际国内两个市场、两种资源加快发展的40年。开放已经成为广东的鲜明标识。40年来，广东始终坚持对内、对外开放，以开放促改革、促发展。从创办经济特区、开放沿海港口城市、实施外引内联策略、推进与港澳地区和内地省市区的区域经济合作，到大力实施“走出去”战略、深度参与“一带一路”建设、以欧美发达国家为重点提升利用外资水平、举全省之力建设粤港澳大湾区，广东开放的大门越开越大，逐步形成了全方位、多层次、宽领域、高水平的对外开放新格局。

实现了由要素驱动向创新驱动的历史性变化。改革开放40年，是广东发展动力由依靠资源和低成本劳动力等要素投入转向创新驱动的40年，是广东经济发展向更高级阶段迈进的40年。改革开放以来，广东人民以坚强的志气与骨气不断增强自主创新能力和实力，把创新发展主动权牢牢掌握在自己手中。从改革开放初期，广东以科技成果交流会、技术交易会等方式培育技术市场，成立中国第一个国家级高科技产业集聚的工业园区——深圳科技工业园，到实施科教兴粤战略、建设科技强省、构建创新型广东和珠江三角洲国家自主创新示范区，广东不断聚集创新驱动“软实力”，区域创新综合能力排名跃居全国第一。2017年，全省研发经费支出超过2 300亿元，居全国第一，占地区生产总值比重达2.65%；国家级高新技术企业3万家，跃居全国第一；高新技术产品产值达6.7万亿元。有效发明专利量及专利综合实力连续多年居全国首位。

实现了从温饱向全面小康迈进的历史性飞跃。改革开放40年，是全省居民共享改革发展成果、生活水平显著提高的40年，是全省人民生活从温饱不足向全面小康迈进的40年。1978—2017年，全省城镇居民、农村居民人均可支配收入分别增长了98倍和81倍，从根本上改变了改革开放前物资短缺的经济状况，民众的衣食住行得到极大改善，居民收入水平和消费能力快速提升。此外，推进基本公共服务均等化，惠及全民的公共服务体系进一步建立；加大底线民生保障资金投入力度，社会保障事业持续推进；加快脱贫攻坚步伐，努力把贫困地区短板变成“潜力板”，不断提高人民生活水平，满足人民对美好生活的新期盼。

实现了生态环境由问题不少向逐步改善的历史性转变。改革开放40年，是广东对生态环境认识发生深刻变化的40年，是广东生态环境治理力度不断加大的40年，是广东环境质量由问题不少转向逐步改善的40年。广东牢固树立“绿水青山就是金山银山”的理念，坚决守住生态环境保护底线，全力打好污染防治攻坚战，生态环境持续改善。全省空气质量近3年连续稳定达标，大江大河水质明显改善，土壤污染防治扎实推进。新一轮绿化广东大行动不断深入，绿道、古驿道、美丽海湾建设等重点生态工程顺利推进，森林公园达1 373个、湿地公园达203个、国家森林城市达7个，全省森林覆盖率提高到59.08%。

40年来，广东充分利用毗邻港澳的地理优势，大力推进粤港澳合作，率先基本实现粤港澳服务贸易自由化，全面启动粤港澳大湾区建设，对香港、澳门顺利回归祖国并保持长期繁荣稳定、更好地融入国家发展大局发挥了重要作用，为彰显“一国两制”伟大构想的成功实践做出了积极贡献。作为中国先发展起来的区域之一，广东十分注重推动国家区域协调发展战略的实施，加大力度支持革命老区、民族地区、边疆地区、贫困地区加快发展，对口支援新疆、西藏、四川等地取得显著成效，为促进全国各地区共同发展、共享改革成果做出了积极贡献。

第二，研究广东改革开放，要深入总结广东改革开放40年的经验和启示，厚植改革再出发的底气和锐气。

改革开放40年来，广东在坚持和发展中国特色社会主义事业中积极探索、大胆实践，不仅取得了辉煌成就，而且积累了宝贵经验。总结好改革开放的经验和启示，不仅是对40年艰辛探索和实践的最好庆祝，而且能为新时代推进中国特色社会主义伟大事业提供强大动力。40年来，广东经济社会发展之所以能取得历史性成就、发生历史性变革，最根本的原因就在于党中央的正确领导和对广东工作的高度重视、亲切关怀。改革开放以来，党中央始终鼓励广东大胆探索、大胆实践。特别是进入新时代以来，每到重要节点和关键时期，习近平总书记都及时为广东把舵定向，为广东发展注入强大动力。2012年12月，总书记在党的十八大后首次离京视察就到了广东，做出“三个定位、两个率先”的重要指示。2014年3月，总书记参加第十二届全国人大第二次会议广东代表团审议，要求广东在全面深化改革中走在前列，努力交出物质文明和精神文明两份好答卷。2017年4月，总书记对广东工作做出重要批示，对广东提出了“四个坚持、三个支撑、两个走在前列”要求。2018年3月7日，总书记参加第十三届全国人大第一次会议广东代表团审议并发表重要讲话，嘱咐广东要做到“四个走在全国前列”、当好“两个重要窗口”。2018年10月，在改革开放40周年之际，习近平总书记再次亲临广东视察指导并发表重要讲话，要求广东高举新时代改革开放旗帜，以更坚定的信心、更有力的措施把改革开放不断推向深入，提出了深化改革开放、推动高质量发展、提高发展平衡性和协调性、加强党的领导和党的建设四项重要要求，为新时代广东改革发展指明了前进方向，提供了根本遵循。广东时刻牢记习近平总书记和党中央的嘱托，结合广东实际创造性地贯彻落实党的路线、方针、政策，自觉做习近平新时代中国特色社会主义思想的坚定信仰者、忠实践行者，努力为全国的改革开放探索道路、积累经验、做出贡献。

坚持中国特色社会主义方向，使改革开放始终沿着正确方向前进。我们的改革开放是有方向、有立场、有原则的，不论怎么改革、怎么开放，都始终要坚持中国特色社会主义方向不动摇。在改革开放实践中，广东始终保持“不畏浮云遮望眼”的清醒和“任凭风浪起，稳坐钓鱼船”的定力，牢牢把握改革正确方向，在涉及道路、理论、制度等根本性问题上，在大是大非面前，立场坚定、旗帜鲜明，确保广东改革开放既不走封闭僵化的老路，也不走改旗易帜的邪路，在根本性问题上不犯颠覆性错误，使改革开放始终沿着正确方向前进。

坚持解放思想、实事求是，以思想大解放引领改革大突破。解放思想是正确行动的先导。改革开放的过程就是思想解放的过程，没有思想大解放，就不会有改革大突破。广东坚持一切从实际出发，求真务实，求新思变，不断破除思想观念上的障碍，积极将解放思想形成的共识转化为政策、措施、制度和法规。坚持解放思想和实事求是的有机统一，一切从国情省情出发、从实际出发，既总结国内成功做法又借鉴国外有益经验，既大胆探索又脚踏

实地，敢闯敢干，大胆实践，多出可复制、可推广的新鲜经验，为全国改革提供有益借鉴。

坚持聚焦以推动高质量发展为重点的体制机制创新，不断解放和发展社会生产力。改革开放就是要破除制约生产力发展的制度藩篱，建立充满生机和活力的体制机制。改革每到一个新的历史关头，必须在破除体制机制弊端、调整深层次利益格局上不断啃下“硬骨头”。近年来，广东坚决贯彻新发展理念，着眼于推动经济高质量发展，不断推进体制机制创新。例如，坚持以深化科技创新改革为重点，加快构建推动经济高质量发展的体制机制；坚持以深化营商环境综合改革为重点，加快转变政府职能；坚持以粤港澳大湾区建设合作体制机制创新为重点，加快形成全面开放新格局；坚持以构建“一核一带一区”区域发展格局为重点，完善城乡区域协调发展体制机制；坚持以城乡社区治理体系为重点，加快营造共建共治共享社会治理格局，奋力开创广东深化改革发展新局面。

坚持“两手抓、两手都要硬”，更好地满足人民精神文化生活新期待。只有物质文明建设和精神文明建设都搞好、国家物质力量和精神力量都增强、人民物质生活和精神生活都改善、综合国力和国民素质都提高，中国特色社会主义事业才能顺利推向前进。广东高度重视精神文明建设，坚持“两手抓、两手都要硬”，坚定文化自信、增强文化自觉，守护好精神家园、丰富人民精神生活；深入宣传贯彻习近平新时代中国特色社会主义思想，大力培育和践行社会主义核心价值观，深化中国特色社会主义和中国梦宣传教育，教育引导广大干部群众特别是青少年坚定理想信念，培养担当民族复兴大任的时代新人；积极选树模范典型，大力弘扬以爱国主义为核心的民族精神和以改革创新为核心的时代精神；深入开展全域精神文明创建活动，不断提升人民文明素养和社会文明程度；大力补齐文化事业短板，高质量发展文化产业，不断增强文化软实力，更好地满足人民精神文化生活新期待。

坚持以人民为中心的根本立场，把为人民谋幸福作为检验改革成效的根本标准。改革开放是亿万人民自己的事业，人民是推动改革开放的主体力量。没有人民的支持和参与，任何改革都不可能取得成功。广东始终坚持以人民为中心的发展思想，坚持把人民对美好生活的向往作为奋斗目标，坚持人民主体地位，发挥群众首创精神，紧紧依靠人民推动改革开放，依靠人民创造历史伟业；始终坚持发展为了人民、发展依靠人民、发展成果由人民共享，让改革发展成果更好地惠及广大人民群众，让群众切身感受到改革开放的红利；始终坚持从人民群众普遍关注、反映强烈、反复出现的民生问题入

手，紧紧盯住群众反映的难点、痛点、堵点，集中发力，着力解决人民群众关心的现实利益问题，不断增强人民群众获得感、幸福感、安全感。

坚持科学的改革方法论，注重改革的系统性、整体性、协同性。只有坚持科学方法论，才能确保改革开放蹄疾步稳、平稳有序地推进。广东坚持以改革开放的眼光看待改革开放，充分认识改革开放的时代性、体系性、全局性问题，注重改革开放的系统性、整体性、协同性。注重整体推进和重点突破相促进相结合，既全面推进经济、政治、文化、社会、生态文明、党的建设等诸多领域改革，确保各项改革举措相互促进、良性互动、协同配合，又突出抓改革的重点领域和关键环节，发挥重点领域“牵一发而动全身”、关键环节“一子落而满盘活”的作用；注重加强顶层设计，和“摸着石头过河”的改革方法相结合，既发挥“摸着石头过河”的基础性和探索性作用，又发挥加强顶层设计的全面性和决定性作用；注重改革与开放的融合推进，使各项举措协同配套、同向前进，推动改革与开放相互融合、相互促进、相得益彰；注重处理好改革发展与稳定之间的关系，自觉把握好改革的力度、发展的速度和社会可承受的程度，把不断改善人民生活作为处理改革发展与稳定关系的重要结合点，在保持社会稳定中推进改革发展，在推进改革发展中促进社会稳定，进而实现推动经济社会持续健康发展。

坚持和加强党的领导，不断提高党把方向、谋大局、定政策、促改革的能力。中国特色社会主义最本质的特征是中国共产党的领导，中国特色社会主义制度的最大优势是中国共产党的领导。坚持党的领导，是改革开放的“定盘星”和“压舱石”。40年来，广东改革开放之所以能够战胜各种风险和挑战，取得举世瞩目的成就，最根本的原因就在于坚持党的领导。什么时候重视党的领导、加强党的建设，什么时候就能战胜困难、夺取胜利；什么时候轻视党的领导、漠视党的领导，什么时候就会经历曲折、遭受挫折。广东坚持用习近平新时代中国特色社会主义思想武装头脑，增强“四个意识”，坚定“四个自信”，做到“两个坚决维护”，始终在思想上、政治上、行动上同以习近平同志为核心的党中央保持高度一致；注重加强党的政治建设，坚持党对一切工作的领导，不断增强党的政治领导力、思想引领力、群众组织力、社会号召力，提高党把方向、谋大局、定政策、促改革的能力和定力，确保党总揽全局、协调各方。

第三，研究广东改革开放，要积极开展战略性、前瞻性研究，为改革开放再出发提供理论支撑和学术支持。

改革开放是广东的根和魂。在改革开放40周年的重要历史节点，习近

平总书记再次来到广东，向世界宣示中国改革不停顿、开放不止步的坚定决心。习近平总书记视察广东重要讲话，是习近平新时代中国特色社会主义思想的理论逻辑和实践逻辑在广东的展开和具体化，是我们高举新时代改革开放旗帜、以新担当新作为把广东改革开放不断推向深入的行动纲领，是我们走好新时代改革开放之路的强大思想武器。学习贯彻落实习近平总书记视察广东重要讲话精神，是当前和今后一个时期全省社会科学理论界的头等大事和首要政治任务。社会科学工作者应发挥优势，充分认识总书记重要讲话精神的重大政治意义、现实意义和深远历史意义，以高度的政治责任感和历史使命感，深入开展研究阐释，引领和推动全省学习宣传贯彻工作往深里走、往实里走、往心里走。

加强对重大理论和现实问题的研究，为改革开放再出发提供理论支撑。要弘扬广东社会科学工作者“务实、前沿、创新”的优良传统，增强脚力、眼力、脑力、笔力，围绕如何坚决贯彻总书记关于深化改革开放的重要指示要求，坚定不移地用好改革开放“关键一招”，书写好粤港澳大湾区建设这篇大文章，引领带动改革开放不断实现新突破；如何坚决贯彻总书记关于推动高质量发展的重要指示要求，坚定不移地推动经济发展质量变革、效率变革、动力变革；如何坚决贯彻总书记关于提高发展平衡性和协调性的重要指示要求，坚定不移地推进城乡、区域、物质文明和精神文明协调发展与法治建设；如何坚决贯彻总书记关于加强党的领导和党的建设的重要指示要求，坚定不移地把全省各级党组织锻造得更加坚强有力、推动各级党组织全面进步全面过硬；等等，开展前瞻性、战略性、储备性研究，推出一批高质量研究成果，为省委、省政府推进全面深化改革开放出谋划策，当好思想库、智囊团。

加强改革精神研究，为改革开放再出发提供精神动力。广东改革开放40 年波澜壮阔的伟大实践，不仅打下了坚实的物质基础，也留下了弥足珍贵的精神财富，这就是敢闯敢试、敢为人先的改革精神。这种精神是在广东改革开放创造性实践中激发出来的，它是一种解放思想、大胆探索、勇于创造的思想观念，是一种不甘落后、奋勇争先、追求进步的责任感和使命感，是一种坚韧不拔、自强不息、锐意进取的精神状态。当前，改革已经进入攻坚期和深水区，剩下的都是难啃的硬骨头，更需要弘扬改革精神才能攻坚克难，必须把这种精神发扬光大。社会科学工作者要继续研究、宣传、阐释好改革精神，激励全省广大党员干部把改革开放的旗帜举得更高更稳，续写广东改革开放再出发的新篇章。

加强对广东优秀传统文化和革命精神的研究，为改革开放再出发提振精气神。总书记在视察广东重要讲话中引用广东的历史典故激励我们担当作为，讲到虎门销烟等重大历史事件，讲到洪秀全、文天祥等历史名人，讲到广东的光荣革命传统，讲到毛泽东、周恩来等一大批曾在广东工作生活的我们党老一辈领导人，以此鞭策我们学习革命先辈、古圣先贤。广大社会科学工作者要加强对广东优秀传统文化和革命精神的研究，激励全省人民将其传承好弘扬好，并化作新时代敢于担当的勇气、奋发图强的志气、再创新局的锐气，创造无愧于时代、无愧于人民的新业绩。

广东有辉煌的过去、美好的现在，一定有灿烂的未来。这次出版的“广东改革开放40年研究丛书”（14本），对广东改革开放40年巨大成就、实践经验和未来前进方向等问题进行了系统总结和深入研究，内容涵盖总论、经济、政治、文化、社会、生态文明、教育、科技、依法治省、区域协调、对外开放、经济特区、海外华侨华人、从严治党14个方面，为全面深入研究广东改革开放做了大量有益工作，迈出了重要一步。在隆重庆祝改革开放40周年之际，希望全社会高度重视广东改革开放问题的研究，希望有更多的专家学者和实际工作者积极投身到广东改革开放问题的研究中去，自觉承担起“举旗帜、聚民心、育新人、兴文化、展形象”的使命任务，推出更多有思想见筋骨的精品力作，为推动广东实现“四个走在全国前列”、当好“两个重要窗口”，推动习近平新时代中国特色社会主义思想在广东大地落地生根、结出丰硕成果提供理论支撑和学术支持。

“广东改革开放40年研究丛书”编委会

2018年11月22日

目录

第一章　广东生态文明建设的历程、成就和经验

党的十八大报告将生态文明建设提到前所未有的高度，明确提出要“把生态文明建设放在突出地位，融入经济建设、政治建设、文化建设、社会建设的各方面和全过程，努力建设美丽中国，实现中华民族永续发展”。党的十九大报告中，习近平总书记指出：“建设生态文明是中华民族永续发展的千年大计”，提出要“坚持人与自然和谐共生……像对待生命一样对待生态环境”“建设美丽中国，为人民创造良好生产生活环境，为全球生态安全作出贡献”。[①] 广东作为改革开放排头兵，自改革开放以来，在经济发展领跑全国的同时，也积极推进环保、节能、低碳和绿色发展，尤其是党的十八大以来，广东的经济社会发展与生态环境关系趋于好转，“广东蓝”“珠江绿”的本色之美逐步重现，为全面建设生态文明、实现人与自然和谐共生的发展格局奠定了坚实基础。

一、广东生态文明建设的基本历程

改革开放以来，广东持续探索经济发展和生态环境保护的协调机制，相继经历了污染以被动治理为主、努力维持生态环境质量稳定、加速转向可持续发展和全面推进生态文明建设 4 个阶段，生态环境也经历了从全面

---

① 习近平：《决胜全面建成小康社会　夺取新时代中国特色社会主义伟大胜利——在中国共产党第十九次全国代表大会上的报告》，人民出版社 2017 年版，第 24 页。

恶化到局部改善再到全面改善的历程。尤其是党的十八大以来，广东的经济发展质量和环境质量都迈上了一个新台阶，不断开创生态文明建设新格局。

（一）1978—1991年：快速发展下的被动治理

改革开放初期，广东和全国其他地区一样，百废待兴，亟欲摆脱贫穷。在1978年召开的党的十一届三中全会上，中央决定发挥广东毗邻港澳、华侨众多的优势，在广东试办深圳、珠海、汕头3个“出口特区”；1980年将“出口特区”改为经济含义更丰富的“经济特区”；1984年将工作重点转向城市的经济体制改革。广东从创办经济特区开始，接连开放广州、湛江2个沿海港口城市，接着开辟珠江三角洲的经济开发区，随后开放粤北、粤东广大山区，使开放区由沿海向山区层层推进，逐步形成了多层次、多形式、多功能的全方位对外开放新格局。得改革开放之先，广东经济快速增长，1978—1991年间，地区生产总值增长近10倍，创造了一个奇迹。

伴随着经济的快速增长，广东的“三废”（废水、废气、固体废物）排放日益增加，并从城市逐步蔓延到农村。党中央、国务院一直高度重视环境保护和生态安全问题，早在20世纪80年代初就把保护环境确定为基本国策，并提出了可持续发展的战略，但是，在全国范围内对污染问题的认识仍然相对滞后，对污染造成的恶果准备不足、认识不足，也缺乏足够的基础设施投入对“三废”进行治理，因此，在面对生态环境问题时显得较为被动。由此导致的结果是，发达国家上百年工业化过程中分阶段出现的水、大气、土壤等环境污染问题，在广东省尤其是珠江三角洲地区集中出现，全省主要河流都遭受了不同程度的污染，酸雨问题严重，整体生态环境持续恶化。① 1985年，广东省委、省政府认识到造林绿化的作用并做出重大决策：要在10年内绿化广东大地，“七五”期间植树造林5 000万

① 参见周永生《广东生态环境若干问题》，载《生态科学》1983年第1期。

亩①，吹响了广东生态建设的号角。但是，从总体来看，这一时期经济增长主要依托资源能源投入的扩张，在生态文明建设的各个方面虽然有所起步，但仍然较为粗放，投入较少，政策工具也相对简单，虽然在解决当时的资源环境问题上取得了一定的效果，但是难以有效地缓解经济社会快速发展带来的巨大生态压力。

（二）1992—2001 年：努力控制生态环境质量

1992—2001 年是我国社会主义市场经济体制确立和不断完善的关键时期，也是广东加快改革开放的重要时期。1992 年年初，邓小平同志视察南方时，提出“比如广东，要上几个台阶，力争用 20 年的时间赶上亚洲四小龙”。如何加快发展，成为广东需要解决的首要任务。与此同时，党中央、国务院对经济发展与环境保护关系的认识日益加深，可持续发展理念上升为国家战略，环境保护地位不断提高。1992 年 10 月，中国共产党第十四次全国代表大会在北京举行，会议指出，环境保护是我国的一项基本国策，并将环境保护和治理确定为 20 世纪 90 年代改革和建设的主要任务，同时提出，在加快发展经济的同时，“要增强全民族的环境意识，保护和合理利用土地、矿产、森林、水等自然资源，努力改善生态环境”。1994 年，国务院批准了《中国 21 世纪议程——中国 21 世纪人口、环境与发展白皮书》，成为全球第一部国家“21 世纪议程”。该白皮书指出，“努力寻求一条人口、经济、社会、环境和资源相互协调的可持续发展道路，是中国在未来和下一世纪发展的自身需要和必然选择”，并开始把可持续发展列入国家发展计划。1997 年，党的十五大则将“可持续发展”列为我国的主要发展战略，明确提出要“资源开发和节约并举，把节约放在首位，提高资源利用效率。统筹规划国土资源开发和整治，严格执行土地、水、森林、矿产、海洋等资源管理和保护的法律。实施资源有偿使用制度。加强对环境污染的治理，植树种草，搞好水土保持，防治荒漠化，改善生态环境”。

---

① 1 亩≈0.00067 平方千米。（本书使用非法定计量单位“亩”，特此说明。——编者。）

如何在加快发展、加快实现现代化的同时搞好环境保护、保持生态平衡，使经济建设与资源环境相协调，成为广东急需解决的重要问题。广东的经济发展速度进一步加快，大气和水的主要污染物的排放也逐渐增加，不断接近环境容量的极限，经济发展与环境的矛盾更加激化，大气环境、水环境、土壤环境普遍开始出现污染问题，使广东对环境问题的关注不断增加、对环境保护的重视程度不断提高。

“八五”期间，广东省政府提出了“经济要发展，环境要改善”的要求，制定了一批地方性法规规章，不断加强环境保护和法制建设，加大环境监察力度等。广东的“九五”计划将环境保护作为重要内容之一，并提出了非常明确的目标：到 2000 年，全省环境总体质量控制在 20 世纪 90 年代初的水平，主要江河水质保持稳定，流经城市河段有机污染的发展趋势有所缓解，饮用水水源水质基本得到保证，城市大气环境质量稳定在 20 世纪 90 年代初的水平，城区超标噪声覆盖面积有所减少，主要污染物排放量和生态破坏的势头得到控制。因此，这个阶段广东生态环境保护的核心内容是努力维持环境质量的稳定。2000 年，广东“十五”计划指出，“十五”是广东省经济建设重要发展时期，也是环境治理时期，要抓好重点地区、重点流域和大中城市的环境治理与监管，务求改善和提高环境质量，为新世纪的腾飞营造良好的发展环境。1997 年，省八届人大会议上，确定了要实施可持续发展战略。1998 年，中共广东省第八次代表大会在广州举行，会议对广东改革开放和现代化建设的跨世纪发展做了全面部署，提出广东要围绕经济建设中心突出抓好“外向带动”“科教兴粤”和“可持续发展”三大发展战略。1999 年，在参考国内外评价标准的基础上，广东省制定了一套包括经济发展、社会发展和生态环境 3 个方面 10 项指标的现代化评价体系，其中环境综合指标要求 90 分，城市居民人均公共绿地面积要求 10 平方米以上。2001 年，广东省政府出台了第一个环保五年规划暨广东省环境保护“十五”计划，提出了多项措施，其中主要一项是削减污染，使全省环保工作从控制、遏制环境恶化转入全面治理的新阶段。“十五”期间，广东省在工业和农业、城市和农村加大环境综合整治和污染防治力度，确保主要污染物排放总量削减，减轻环境污染，把

环境目标纳入可持续发展的重要内容。

这个阶段广东生态文明建设的主要内容仍然是环境保护和污染治理，主要特点包括如下方面。

一是全面加强生态环境保护。首先，对于工业污染领域，明确提出了污染减量的目标；其次，全面加大了对城市环境综合治理的力度，一方面把生活污水、汽车尾气、生活垃圾以及生活噪音等作为重要的治理对象，另一方面全面加强城市绿地建设；最后，进一步加强自然资源的保护，依法保护和合理开发土地、水、森林、矿产和海洋资源，整治和防止水土流失，加强海洋保护。

二是加强生态建设。1994 年，广东在全国率先实施森林分类经营改革。1998 年年初，广东省委、省政府做出了开展林业第二次创业的决定，随后出台了生态公益林补偿办法，森林分类经营改革取得突破。并于 2000 年做出了《关于加快自然保护区建设的决议》，提出要形成一个以国家级自然保护区为核心，以省级自然保护区为网络，以市、县级自然保护区和自然保护小区为通道的，保护类型比较齐全、布局比较合理、生态效益和社会效益比较明显的自然保护区体系。

三是不断加大生态文明建设投入力度。1993—2001 年，环保投资占全省 GDP 的比重从 1.56% 提高到 2.3%，增长非常快。与此同时，省财政自 1997 年起建立环境保护专项资金，重点用于经济欠发达地区的水污染整治。

四是开始实施系统性的环境治理行动。为应对持续、严重的大气污染和水污染问题，广东省相继颁布实施了《广东省蓝天工程计划》和《广东省碧水工程计划》，与此同时，江河湖海水质保护、基本农田保护、植树造林、控制水土流失等工作全面展开，21 个地级以上市划定了饮用水水源保护区。

五是更加注重利用法律机制与舆论手段保护环境。第一，广东省意识到法制及责任落实在环境保护中的重要作用，逐步完善了环境保护的法制建设，全面开展环保执法责任制试点工作。第二，在全国率先尝试将辖区内环境保护工作的评价结果作为领导干部的政绩，归入个人档案，作为评定年度考核等次、实行奖惩和调整使用的重要依据。第三，不断加大环保宣传教育工作力度，进一步提高广大民众的环境保护意识、提高公众对环境保护的参与度，公众的环境保护意识显著提高。

在一系列强有力措施的作用之下，环境质量迅速恶化的势头得到了遏制，全省环境质量总体基本保持稳定，局部地区有所改善，环境污染恶化的趋势初步得到控制，污水排放总量开始呈现下降趋势。“九五”期间，工业废水排放量减少了8.5%，万元产值工业废水排放量减少了86%，工业废水处理率提高了41.2%，工业固体废弃物综合利用率也有了很大的提高，使工业污染排放量有所减少。

但是，进入21世纪，以珠江三角洲城市群为代表，广东的生态环境问题已经变得非常突出，主要表现在：城市化集聚发展带来的水土资源短缺，特别是水质性缺水较为严重及城市绿色开敞空间的缺乏；珠江三角洲地区大气污染源较为集中（发电厂密布），被列为国家酸雨控制区；人口的激增及生活消费方式的转变使城市生活垃圾处理处置系统严重滞后；等等。城市化进程的加快和人口的增长，一定程度上使水环境恶化，造成水质性缺水，已经影响了珠江沿岸各市群众的生产和生活，如不及时有效整治，势必制约珠江三角洲城市群经济社会发展。① 与此相应，区域性的大气污染、水污染、土壤污染、作物污染和酸雨，导致很大的经济损失、环境损失，对人民群众的健康也造成了一定的危害。现代社会致死的病因中占前几位的心脏病、恶性肿瘤、呼吸系统疾病、心脑血管病等，已构成广东主要致死病因。因此，加强环境保护，防治环境污染，已经成为全省上下必须十分重视和认真地加以解决的重大课题。②

（三）2002—2012年：加速转向可持续发展

2002年，党的十六大召开，以胡锦涛同志为总书记的党中央提出了

① 王树功、周永章、麦志勤、金辉：《城市群（圈）生态环境保护战略规划框架研究——以珠江三角洲大城市群为例》，载《中国人口·资源与环境》2003年第13卷第4期，第51－55页。

② 廖世添：《广东人口与环境、资源》，载《南方人口》1995年第1期，第15－20页。

科学发展观，把环境保护工作摆上更加重要的战略位置，强调建设资源节约型和环境友好型社会，加快转变经济增长方式，走生产发展、生活富裕、生态良好的文明发展道路。党的十六大报告提出，要“坚持以信息化带动工业化，以工业化促进信息化，走出一条科技含量高、经济效益好、资源消耗低、环境污染少、人力资源优势得到充分发挥的新型工业化路子”。党的十六大进而把可持续发展定位为全面建设小康社会的奋斗目标，要推动“三生”，即要推动社会走上“生产发展、生活富裕、生态良好”的文明发展道路，“促进人与自然的和谐”。2007 年，党的十七大首次把建设生态文明写入党的报告，作为全面建设小康社会的新要求之一，提出要建设生态文明，基本形成节约能源资源和保护生态环境的产业结构、增长方式、消费模式。这是我们党首次将“生态文明”写进党代会政治报告，是我们党科学发展、和谐发展理念的一次升华。

进入 21 世纪，虽然广东已完成了工业化初级阶段，进入了信息化、工业化和城市化“三化”并举的新阶段，但是，从生态文明的角度看，广东的环境水平明显低于经济社会发展的各个指标：资源贫乏、利用率低、污染及破坏等问题仍然严重。如何进一步加强生态文明建设成为这个时期的重要内容。2002 年，在广东省第九次党代会和中共广东省委九届二次全会上，广东省委、省政府提出用 5 年时间把珠江三角洲建成可持续发展的示范区。省委、省政府全面启动了综合整治珠江工程，省长与流域各市市长签下《珠江整治责任书》，省政府批准实施了《广东省珠江水环境综合整治方案》，提出珠江综合整治要实现“一年初见成效，三年不黑不臭，八年江水变清”的目标。2002 年 8 月，广东省山区工作会议决定，全面加快山区发展，同时按照“全省生态屏障”的要求，高度重视以环境保护为重点的生态建设。2003 年 3 月 30 日，广东省与国家环保总局达成共识：联合编制珠江三角洲环境保护规划纲要，以地方立法形式保护珠江三角洲环境。经过上千位专家学者数十次的论证修订，2004 年 9 月 24 日，广东省十届人大常委会第十三次会议审议通过了《珠江三角洲环境保护规划纲要（2004—2020 年）》。

2004 年，中央政治局委员、广东省委书记张德江在全省学习贯彻胡锦涛总书记视察广东重要讲话精神大会上首次提出建设“绿色广东”。“绿色广东”切合广东实际，强调环境与人、与经济乃至与整个广东社会协调发展的重要性。“绿色广东”的总体思路是：以科学发展观为指导，发展循环再生的绿色经济，培育以人为本的绿色文明，建设舒适优美的绿色环境，构筑人与自然和谐的绿色生态。“绿色广东”的总体目标是：建设经济社会快速发展，生态环境良性循环，城乡环境整洁优美，人与自然和谐共处，民众生活富裕安康的现代化广东。近期目标是：以改善环境质量、保障人民群众身心健康为核心，有效控制环境污染和生态破坏，加快生态环境建设，使主要污染物排放量得到有效削减，水和空气环境质量有明显改善，饮用水水源安全得到保证，危险废物得到有效处置，循环经济框架初步形成。2005 年，省政府工作报告中单独将“加强环境保护，改善生态环境，建设绿色广东”作为重点工作之一。2006 年，《珠江三角洲环境保护规划》成为我国第一个通过立法实施的区域性环保规划，它的实施标志着广东环境保护进入依法治理的新阶段。党的十七大之后，广东相继提出了建设“文化强省”和“幸福广东”的目标，为从根本上改变传统的粗放型发展模式、为全国发展方式转型探路迈开了坚实步伐。2008 年，国务院发布的《珠江三角洲地区改革发展规划纲要（2008—2020 年）》成为指导珠江三角洲地区当前和今后一个时期改革发展的行动纲领和编制相关专项规划的依据。纲要指出，着力构建现代化产业体系，加快发展方式转变，率先建立资源节约型和环境友好型社会；确定以创新为经济发展的主要动力，以低碳发展、循环发展为全省经济社会发展的主要模式。2010 年 5 月，广东省发布了《关于加快经济发展方式转变的若干意见》，提出：要大力推进现代产业体系建设，同时，改造提升传统产业，积极发展现代农业，加快发展现代畜牧业和现代渔业；首次提出“绿色增长”理念；通过扩大差别电价和排污费，建立强制性能效标准和环保标准；大力发展循环经济，推进岭南山地森林生态及生物多样性功能区建设等措施，发展绿色经济。

这个阶段，广东省从以下几个方面推进经济发展绿色转型。

一是重视规划引导经济与环境的协调发展。按照“工业入园、产业入

区、集中治污、源头控制”的模式，严格建设项目环保准入，加强产业转移园区的环境保护，在全国率先提出树立环保自觉、建设“四大环保”、实行从严从紧的环保政策措施、处理好“四大关系”等一系列环保工作新思想和新理念。

二是加快完善环保立法，加强执法力度。法律法规涵盖大气环境、水环境、土壤环境等环境区域，包含废水、废气、固体废物等各种废物的排放，形成全方位、多领域的环境治理保护法律体系，环境监督执法力度不断加强。

三是提高环境管理能力。广东省环境监测中心和21个地级以上市污染源监控中心全部建成并联网，开发建成了全省污染源信息、机动车排放检测数据、重点污染源信用和排污许可证四大管理系统，强化环境保护责任考核，切实增强各级党委、政府的环境保护责任和使命感。

四是创新经济政策。充分运用价格机制促进污染减排，推行“绿色信贷”和“绿色证券”制度，启动广东省排污权交易制度研究，完善污染行业标准建设，健全和完善监测预警和执法监督两大体系。

五是规划建设绿道。2009年4月，省委政策研究室、省住房和城乡建设厅联合编写的调研报告中首次提出了在珠江三角洲建设区域绿道网的构想。2010年2月，广东省政府批准了《珠江三角洲区域绿道规划纲要》，确定用3年的时间，在珠江三角洲建设总长2 690千米的6条省立珠江三角洲区域绿道。

六是推动低碳发展。随着全球气候变暖问题得到越来越多国家和国际机构的重视，作为发展中的碳排放大国，如何适应和减缓气候变化成为我国不得不面对的问题，如何推动低碳发展、控制碳排放量也成为我国必须做出的战略选择，是广东这个阶段生态文明建设的又一重任。2010年，包括广东省在内的5省8市成为全国第一批低碳试点省、市，2011年，广东省和深圳市又分别被列为中国碳排放权交易试点省和深圳市被单列为试点市。

可以看出，到了这个时期，广东已经把环境保护工作置于非常重要的地位，各方面的投入和相关污染的治理力度都持续加大，生态文明建设取得了很大的进展。这一时期，从总体上基本遏制住了环境质量继续恶化的趋势。大气环境质量不断向好，酸雨频率不断降低，生态环境持续改善，森林覆盖率保持在较高水平。在环境持续改善的同时，不断加强公众对生态文明的认识，不断提高公众的参与度，通过一系列的宣传活动及创建活动，有效地提升了全民环境保护意识。可以说，广东开始逐步走出了“高投入、高消耗、高污染”的发展模式。

（四）2013—2018年：全面推进生态文明建设

2012年，党的十八大报告提出，大力推进生态文明建设，着力推进绿色发展、循环发展、低碳发展，必须把生态文明建设的理念、原则、目标等深刻融入和全面贯穿到我国经济、政治、文化、社会建设的各方面和全过程，把生态文明建设提高到中国特色社会主义事业“五位一体”总体布局的战略高度。党的十八届三中全会通过了《中共中央关于全面深化改革若干重大问题的决定》，将生态文明制度建设列为重要的改革议题之一，明确指出生态文明建设是关系人民福祉、关乎民族未来的长远大计，要求把生态文明建设放在突出地位，融入经济建设、政治建设、文化建设、社会建设的各方面和全过程。2017年10月，党的十九大报告明确指出：“建设生态文明是中华民族永续发展的千年大计”，并将“美丽”纳入国家现代化目标之中。十九大报告提出，到本世纪中叶，“把我国建成富强民主文明和谐美丽的社会主义现代化强国”“我国物质文明、政治文明、精神文明、社会文明、生态文明将全面提升”；将“坚持人与自然和谐共生”作为新时代坚持和发展中国特色社会主义的十四条基本方略之一，要求推动形成人与自然和谐发展现代化建设新格局；提出了生态文明建设的4个方面：推进绿色发展、着力解决突出环境问题、加大生态系统保护力度、改革生态环境监管体制。

党的十八大以来，以习近平同志为核心的党中央，深刻回答了为什么建设生态文明、建设什么样的生态文明、怎样建设生态文明的重大理论和实践问题。习近平生态文明思想丰富和发展了对人类文明发展规律、自然规律、经济社会发展规律的认识，成为中国共产党带给中国、带给世界的

一个历史性贡献。党的十八大以来，党中央、国务院把生态文明建设和环境保护摆到更加突出的战略位置，对绿色发展、绿色生活做出一系列新决策、新部署、新安排。

2012 年 12 月，习近平总书记在考察广东时，要求大力推进生态文明建设，着力推进绿色发展、循环发展、低碳发展，加快推进节能减排和污染防治，给子孙后代留下天蓝、地绿、水净的美好家园。广东的生态文明建设，被提升到前所未有的高度。2013 年以来，广东省委、省政府高度重视生态文明建设和环境保护，坚持绿色发展、生态优先。2013 年 1 月，广东省委十一届二次全会提出，要把生态文明建设放在突出位置，推进绿色发展、循环发展、低碳发展，建设美丽广东。2014 年省政府召开全省节能减排工作会议，强调以最坚决的态度、超常规的手段、铁的手腕强力推进节能减排工作。2015 年，广东省"十三五"规划指出，"十三五"期间，全省环保工作要紧紧围绕"五位一体"总体布局和"四个全面"战略布局，牢固树立创新、协调、绿色、开放、共享发展理念，牢牢把握"三个定位、两个率先"目标，以改善环境质量为核心，全面践行"两山论"，努力当好绿色发展排头兵。2016 年，广东省《"十三五"生态环境保护规划》提出，将全力打好大气污染、水污染、土壤污染防治"三大战役"，补齐生态环境短板，确保实现良好开局；要不断强化环保规划引导，抓紧开展全省生态保护红线划定工作，编制污染物总量减排计划，在深入推进化学需氧量、氨氮、二氧化硫、氮氧化物减排的基础上，开展重点区域流域总氮、总磷控制和重点行业挥发性有机物控制；开展重点产业园区规划环评"负面清单管理试点"，大力支持低碳环保产业园建设和绿色供应链环境管理试点，推动发展方式绿色化。2016 年 6 月，省委、省政府建立了高规格的协作机制，以协调、督促和指导全省特别是珠江三角洲区域的水污染防治。广东坚持"保好水"，突出"治差水"，广东省环境保护厅组织各地绘制沿河排污口分布图，在此基础上先后对练江、茅洲河实行"挂图作战、系统治水"，动态更新重点整治工程进度，2017 年，更将"挂图作战"治水推广至全省各地。

5 年来，广东主动探索，大力建设生态文明，走上了绿色发展、可持续发展的正道。陆续出台了《关于加快推进我省生态文明建设的实施意见》《广东省党政领导干部生态环境损害责任追究实施细则》以及新修订的《广东省环境保护条例》等重要文件、法规，大气污染、水污染、土壤污染防治行动计划实施方案迅速执行。

党的十八大以来，广东省的经济发展质量和环境质量都迈上了一个新台阶，经济持续高速发展的同时生态文明建设取得了巨大的成就：全省空气质量连续2年实现整体达标，城市空气主要污染物浓度均符合《环境空气质量标准》二级标准，全省空气质量达标天数比例不断提高，酸雨频率继续下降；全省城乡居民饮用水安全得到有效保障，全面完成全省乡镇饮用水水源保护区划定工作，广东省饮用水水源达标率基本保持在100%的水平，优质水源的比例不断提高；城镇生活污水处理率超过80%；全省森林覆盖率达58.98%，远高于全国覆盖率21.93%的水平；单位GDP能耗处于全国第二低位；生态环境整体优化。

二、广东生态文明建设的主要成就

广东作为改革开放的排头兵，在经济发展领跑全国的同时，也在生态文明建设方面不断创新探索，逐渐形成了健全的生态文明政策和制度体系，有力推动了绿色发展、低碳发展和循环发展，尤其是党的十八大以来，生态文明建设全面加快，人与自然和谐、经济发展和环境协调的发展格局不断显现。

（一）初步实现经济社会与自然生态的和谐共融

改革开放40年来，广东经济社会快速发展，到2017年，GDP达到8.99万亿元，经济社会发展已经达到中等发达国家水平，初步完成工业化并步入向后工业化过渡的阶段。从国际经济发展的一般规律来看，一个国家和地区经济的发展，往往伴随着环境污染、生态破坏等现象，到了一定阶段，经济发展才与环境恶化“脱钩”，出现经济发展和污染水平降低的双赢局面，经济学上一般将这种现象称为“环境库兹涅茨倒U形曲线”。无疑，在广东改革开放的前30年，广东始终处于“环境库兹涅茨倒

U形曲线”的前半段，伴随着经济发展，大气污染、水污染、土壤污染日趋严重并不断积累，生态空间大面积破坏、人居环境不断恶化，等等。但是，随着党中央、国务院对生态环境问题重视程度的不断加强，广东也很快意识到经济社会发展不可能建立在粗放式、高污染的发展模式之上，而是必须将可持续发展、绿色发展、循环发展等作为方向。广东省贯彻落实习近平新时代中国特色社会主义思想，通过实施创新驱动发展、主体功能区划、差别化发展、产业结构调整等战略部署，坚持“绿水青山就是金山银山”的发展理念，增强经济发展和环境保护的协调程度，掀起了全面建设生态文明的高潮，形成经济社会发展良性循环的势头，不但从源头上降低了污染物排放量，还增加了清洁能源使用量，在保持经济稳定增长的同时，环境质量也逐步得到改善。尤其是党的十八大以来，广东单位GDP污染物排放量大幅下降，2016—2018年，实现了空气质量连续3年稳定达标，空气质量优良天数比例达到92.7%，饮用水水源达标率近100%。人民群众感知到环境质量持续改善，以“广东蓝”为代表的大气环境质量享誉全国，逐步实现广东的“碧水蓝天”。这些都说明经过40年艰苦卓绝的努力，广东已经进入到“环境库兹涅茨倒U形曲线”生态环境质量改善的拐点期，环境质量改善与经济发展双赢的格局已经初步形成，为区域可持续发展、高质量发展，为全面建设生态文明打下了坚实的基础。

（二）形成了较为合理的国土空间开发格局

在地理学意义上，经济社会发展主要表现为城市人居空间和产业空间的扩张以及对既有生态空间的挤占和替代过程。广东改革开放40年的发展，在空间上也表现为林地、耕地、湿地等生态用地不断转变为建设用地的过程。1978年之后，与全国情况类似，广东省的人均耕地面积呈现下降趋势，而且，广东省人均耕地面积下降速度明显快于全国平均水平，人均耕地保有量与全国平均水平的差距越来越大。1978年，广东省人均耕地面积为0.95亩，相当于全国平均水平的61.3%，两者相差0.6亩。到2016年时，广东人均耕地面积下降至0.36亩，不到全国平均水平的1/4。

在改革开放初期，由于缺乏规划理念和方法，随意布局、无序开发成为常态，导致国土空间布局不合理现象广泛存在，甚至导致一些重要的生态资源也在发展过程中被挤占甚至消失。但幸运的是，广东的国土空间规划意识觉醒较早。广东自1987年年底开始国土空间的规划工作，当时规划内容主要涉及资源融合开发、生产力布局和生态环境综合整治等方面。2003年编制的《珠江三角洲环境保护规划纲要（2004—2020年）》全面实施“红线调控，优化区域空间布局”“绿线提升，引导经济持续发展”“蓝线建设，保障环境安全”三大战略任务，坚持环境优先，从构筑区域生态安全体系、调整优化产业结构、加大污染治理力度等方面着手，加强生态保护和污染防治，从区域整体的角度解决环境问题，实现区域的协调发展。2013年印发实施的《广东省国土规划（2006—2020年）》将广东省综合功能区划分为优化提升区、优化发展区、重点发展区、适度发展区、综合发展区及生态优先区6类，国土空间划分为农业生产和生态复合空间、生活与工业生产空间、生态空间3大类，将各国土功能区结点、连线、成带，构筑国土开发的点轴系统，打造“一核、两轴、三区、多点”的国土空间开发基本格局。

经过不断的努力，广东省国土空间布局不断优化。生产空间从粗放低效到集约高效，生活空间从“能居”到“宜居”，生态空间从守护到持续优化，国土空间经济活力和持续竞争力不断提升，人居环境不断改善、绿色版图不断扩大。珠江三角洲地区以全国总面积0.43%的土地创造了全国9.86%的生产总值。全省常住人口城市化率近70%，生态示范市、县（区）、乡镇、村等数量全国领先，全省各类型、不同级别的自然保护区360个，占全省面积的6.93%，各类森林公园、湿地公园纷纷建立，累计建成绿色通道逾12 000千米，珠江三角洲绿道网获得“中国人居范例奖”和“迪拜国际改善环境最佳范例奖”两项殊荣，被习近平总书记评价为“美丽中国、永续发展的局部细节”。

（三）资源能源效率全国领先

广东省是一个资源相对短缺的省份，又是全国经济大省、人口大省和能源消费大省，这种矛盾促使广东省较早致力于资源节约集约利用和能源

效率提升。建设资源节约型社会，是广东省的必然选择。

改革开放以来，广东省能源利用经历了粗放利用、效率提升和清洁高效 3 个阶段，总体呈现能源效率不断提高、能源结构不断优化的趋势。改革开放初期，受生产力发展水平的限制，广东省能源利用总体比较粗放；随着能源约束的日益强化，广东致力于资源能源的集约高效利用，并逐步加快能源结构调整，扩大清洁能源的使用规模；进入 21 世纪之后，广东不断提高资源能源利用效率，用科学的方法统筹用能总量，以科技创新驱动用能效率提升、推动能源技术革命、加快能源供应基础设施建设。“十二五”期间，广东省超额完成国家下达的节能降耗目标任务，单位 GDP 耗能累计下降 20.98%，能耗水平居全国第二低。党的十八大之后，广东更是全面推动工业、建筑、交通等重点领域的节能减排工作，推动全省工业绿色发展、加快推进节能环保产业发展、对重点用能单位进行绿色改造，逐步推动形成了清洁高效的能源利用体系。2016 年，全省 GDP 能耗下降 3.62%、工业增加值能耗下降 3.75%，全省第三产业增加值比重 52.1%，先进制造业增加值在规模以上工业中比重从 2008 年的 39.8% 提高到 49.3%，非化石能源占一次性能源消费总量比重持续提升，煤炭消费比重大幅下降。

（四）生态建设取得重大进展

广东是改革开放以来全国最早也是最为彻底坚持生态建设的省份之一。自 1985 年，就已经提出“五年消灭宜林荒山，十年绿化广东大地”的口号，迅速掀起“绿色革命”浪潮。这一高瞻远瞩的战略很快取得了巨大成效，广东的森林覆盖率迅速提高，并于 1991 年获得“全国荒山造林绿化第一省”的称号。此后，广东省大力发展生态林业、民生林业、文化林业、创新林业、和谐林业“五个林业”，建设生态公益林、兴办造林绿化试点、创建国家森林城市，在全省划定林业生态红线，对被亮“红黄牌”的地区，政府评先评奖均一票否决；加大对水生态、林业生态、海岸生态的修复力度；开展林业生态市、林业生态县、省级生态公益林示范区、全国绿化模范单位、国家森林城市的创办工作。经过多年的努力，广东的生态建设取得了巨大的成就，森林覆盖率从1985年的26.7%增长到2016年的58.98%，是全国最高的省份之一，完成一大批森林城市、林业生态市县、公益林示范区、生态文明示范区等的示范创建。

（五）低碳发展居于全国前列

广东省自2010年成为国家低碳试点省和2011年成为碳排放权交易试点省起，始终坚持始端减排与末端减排并重、坚持以科技和体制创新为根本动力、坚持整体减排兼顾区域、坚持政府引导和社会共担，在低碳发展中做出了卓著成效的探索：广东将碳排放权交易体系建设成为全国交易量最大、交易最为活跃的区域性交易体系；打造低碳产业体系、低碳能源体系，推进碳汇建设，控制城乡建设，控制交通领域排放，倡导低碳生活和低碳消费，在多领域控制温室气体排放；开展低碳试点示范工作，在机关单位、企业单位、学校开展绿色创建活动，建立国际低碳城、低碳园区、低碳社区、低碳商业试点，实施绿色低碳产品认证、碳捕集利用和封存、碳普惠制、近零碳排放区等示范工程；通过推进温室气体核算工作、建立温室气体排放信息披露制度、建立低碳发展政策体系、打造低碳技术及产品信息服务平台，强化提升基础能力。“十二五”期间，广东省能源利用低碳化趋势明显，碳排放强度累积下降率达到24.02%，超额完成国家下达的累积下降19.5%的目标，为全国的低碳发展做出了示范。

（六）生态文明制度体系逐步建立

在党的十八届三中全会上，习近平总书记提出，“我国生态环境保护中存在的一些突出问题，一定程度上与体制不健全有关”①，并指出“建设生态文明，必须建立系统完整的生态文明制度系统”“保护生态环境必须依靠制度、依靠法治”②。在党的十九大报告第三部分的中国特色社会

---

① 习近平：《关于〈中共中央关于全面深化改革若干重大问题的决定〉的说明》，载《人民日报》2013年11月16日第1版。

② 中共中央文献研究室：《习近平关于全面深化改革论述摘编》，中央文献出版社2014年版，第104页。

主义思想和基本方略第九条方略中，习近平总书记提出：“实行最严格的生态环境保护制度”①。广东省一直将制度建设作为生态文明建设的重中之重，着力破除制约生态文明建设的体制机制障碍，尤其是党的十八大以来，更是全面推进生态文明制度建设，在实行资源有偿使用制度、碳排放权交易、水权交易、环保法庭、党政干部生态文明考核机制等方面做出了卓有成效的探索和实践，初步建立起具有创新意义的生态文明制度体系，为广东绿色发展提供了强有力的支撑。

一是建立了较为健全的生态文明法律法规体系。建立健全自然资源产权法律制度，完善国土空间开发保护方面的法律制度，制定完善大气、水、土壤污染防治及海洋生态环境保护等法律法规，研究制定节能评估审查、节水、应对气候变化等方面的法律规定，修订土地管理办法、大气污染防治办法、水污染防治法、集约能源法等，形成了一整套推进生态文明建设的法律体系，为生态文明建设提供了强有力的法制保障。

二是建立了生态环境监管制度。建立严格监管所有污染物排放的环境保护管理制度，完善污染物排放许可证制度，禁止无证排污和超标准、超总量排污。广东省在环境监管方面突出“季节性”执法，推进污染源日常监管随机抽查制度，强化社会监督机制，对违法排放污染物、造成或可能造成严重污染的依法进行处理，对严重污染环境的工艺、设备和产品实行强制淘汰制度。

三是对生态保护补偿机制进行了大量的探索。建立让生态损害者赔偿、受益者付费、保护者得到合理补偿的机制。2014 年中山市颁布了省内首个生态补偿实施意见，制定纵横结合、统筹型生态补偿政策。2016 年《广东省人民政府办公厅关于健全生态保护补偿机制的实施意见》进一步推进全省生态补偿工作的展开，使生态补偿工作在全省全面“开花”。

四是健全政绩考核制度。广东省在全国率先推行党政领导环保实绩考核，考核对象包括各市、县党政领导班子。2005 年探索建立绿色经济核

---

① 习近平：《决胜全面建成小康社会 夺取新时代中国特色社会主义伟大胜利——在中国共产党第十九次全国代表大会上的报告》，人民出版社 2017 年版，第 24 页。

算体系，是全国 10 个绿色 GDP 核算试点省份之一；2008 年 6 月广东省出台了《广东省市厅级党政领导班子和领导干部落实科学发展观评价指标体系及考核评价试行办法》，将全省 21 个地级以上市划分为都市发展区、优化发展区、重点发展区和生态发展区 4 个区域类型，对不同区域提出不同的发展要求和考核评价指标；率先在全国推出环境保护“党政同责，一岗双责”的责任制，明确各级党委、政府对本行政区域生态环境和资源保护负总责，细化了“责任清单”，系统推进党委、政府对环境保护的“党政同责共管、决策权责相符”。

五是建立了较为完善的环境责任追究制度。2015 年《广东省环境保护条例》完成修订正式实施，首设跨行政区划环境资源审判机构，新增环境事件“双罚制”，逐步实施环境责任终身追究制，成为新环保法实施后全国首个配套的省级地方性环保法规。

（七）形成了具有岭南特色的生态文化

广东非常注重生态文化的建设，党的十八大以来，广东更是将生态文化的建设提到一个更高的战略地位，推动形成了多层次的生态文化宣传、教育和传播机制。一是开展各类认证，通过实施无公害食品、绿色食品、有机食品、绿色建材和生态建设等物质实体认证，到 2016 年，通过认证的各类绿色食品、建材产品 3 000 多种；二是广泛开展文化宣传，通过生态文化节庆活动、绿色学校绿色社区创办活动、休闲旅游生态旅游、蕴含生态文化内涵的媒体宣传，增加大众对自然的亲切感和依赖感，构筑人与自然和谐发展的总体氛围，通过促进生态文化传播、改变公民的价值观念、行为理念，到 2016 年，创建绿色学校 1 400 多家，绿色社区 300 多个，环境教育基地单位 100 多个，各类生态环保活动持续开展，生态文化深入人心；三是不断推动生态文明建设理念的学习，尤其是党的十八大以来，为推进广东生态文明建设迈上新台阶，推动习近平总书记生态文明思想在美丽广东落地生根、开花结果，全省上下不断兴起全面深入学习贯彻习近平生态文明思想新高潮，更加自觉地用习近平生态文明思想武装头脑、指导实践。

三、广东生态文明建设的主要经验

改革开放的40年，是广东经济社会快速发展的40年，也是广东不断遭遇并解决资源环境问题、寻求人与自然和谐的40年。广东始终坚持问题导向，努力解决不断出现的生态环境问题，在生态文明建设中不断谋求创新突破，积累了丰富的经验。

（一）绿色发展需要坚持“既要绿水青山，也要金山银山”的理念

习近平总书记指出，“我们既要绿水青山，也要金山银山。宁要绿水青山，不要金山银山，而且绿水青山就是金山银山。”[①] 这个著名的“两山论”，本质是经济发展必须与生态保护相协调，“经济要上台阶，生态文明也要上台阶”，脱离环境保护搞经济发展是“竭泽而渔”，离开经济发展抓环境保护是“缘木求鱼”，必须两手抓。

广东40年的发展经验表明，绿水青山和金山银山并不矛盾，而是完全可以协调的。改革开放之后，广东先行一步实行发展，也曾出现只重GDP不重生态环境的现象，结果是生态环境迅速恶化，不仅威胁到生态资源，而且对人民健康带来了很大的影响。从20世纪80年代中后期开始，就有一些研究发现，广东的环境问题已经到了亟须解决的地步。广东没有因为担心影响发展而继续放任粗放式、污染型的发展路径长期存在，而是不断采取强有力的政策去改善环境。广东对经济社会和生态环境协调发展的高度重视，不仅没有妨碍广东经济社会的发展，反而有力地推动了经济社会的转型升级，使广东不仅成为绿色发展的先锋，也成为高质量发展的先锋。广东的发展历程是“既要绿水青山，也要金山银山”的最好例证。

（二）推进生态文明需要强化执行

2015年5月27日，习近平总书记在浙江召开华东7省市党委主要负

① 习近平：《弘扬人民友谊 共创美好未来》，载《人民日报》2013年9月8日第3版。

责同志座谈会时指出，“协调发展、绿色发展既是理念又是举措，务必政策到位、落实到位。”他强调，生态环境问题是利国利民利子孙后代的一项重要工作，决不能说起来重要、喊起来响亮、做起来挂空挡。[①] 在当前经济社会发展阶段和技术水平条件下，要解决生态环境突出问题，确保生态环境阈值底线不被突破，就必须使污染物排放监管制度更具有约束力，能够得到有效实施和执行。因此，建设生态文明不能停留在意识上和口号上，而是要实实在在地落实到各项基本工作之中。

广东省非常注重生态文明建设的落实。一是在思想上高度重视落实工作。时任中央政治局委员、广东省委书记胡春华在多个场合多次强调要扎实推进生态文明建设工作，强调“要落实绿色发展理念，扎实推进生态文明体制改革，不断巩固扩大广东生态环境优势，努力走出一条生态文明发展的新路子。要严格遵循中央顶层设计推进改革，坚定打持久战的决心，逐步建立系统完整的生态文明建设制度体系。要切实把各项改革任务落到实处，建立可量化可考核的阶段性目标，重点抓好大气、水、土壤污染防治工作，推动改革一步一步取得实效，增强人民群众对改革的获得感及对生态文明建设的信心”。二是增加生态文明建设的投入，全面启动环境基础设施工程。广东省2016年生态文明建设投入占GDP的百分比近3%。在巨额投入之下，生态文明相关的各项工作有了强有力的经费和资源保障，才能真正落地、实施。三是强化地方政府责任，实行生态问题地方政府“党政同责，一岗双责”，将生态文明建设作为考核地方政府政绩的指标之一。广东省在全省从上到下的高度重视和强力推进下，涌现出一大批全国生态示范市、县，全省环境质量稳步提升，生态文明建设成果显著，各级政府官员都形成了较为强烈的生态意识，并切切实实落实到工作当中去。

（三）生态文明建设需要久久为功

生态文明建设是一项复杂、长期的系统工程。无论是污染防治、能效

---

① 陈二厚、董峻、王宇、刘羊旸：《为了中华民族永续发展——习近平总书记关心生态文明建设纪实》，载《人民日报》2015年3月10日第1版。

提升还是生态建设，都不是一蹴而就的，相反，它需要长期不懈的投入。广东在生态文明建设上，就充分体现了这种思路。以大气污染物治理为例，20 世纪 90 年代初，广东的酸雨频率接近 50%，成为全国主要的酸雨控制区，到了非常严峻的地步，到 20 世纪 90 年代中期实施蓝天保卫战，再到 21 世纪的碧水蓝天战略，广东从我国主要的酸雨控制区转变成为空气质量最好的省份之一，2015—2017 年实现空气质量连续 3 年稳定达标，并被国家环境保护部“清除”出蓝天保卫战的队伍。广东的大气污染治理，可以说经历了将近 30 年的不懈努力，才取得了阶段性的成就。

广东的生态建设也是类似的。历史上，广东森林茂盛，但经过 1958 年、1968 年、1978 年的 3 次乱砍滥伐的严重破坏，至 1985 年，全省仅有森林 463.73 万公顷[①]，占全省面积 26%，生态建设的任务之重可见一斑。广东从 1985 年提出“十年绿化广东”战略至今，广东的生态建设战略从未停歇、反复，而是不断加大政策和投入的力度和强度，在“十五”“十一五”等历次的“林业五年发展规划”中，广东都明确提出要把林业作为国民经济的基础产业加以支持，2013 年，省政府出台了《关于全面推进新一轮绿化广东大行动的决定》，2017 年又提出“以更大力度推进新一轮绿化广东大行动”，才使广东进入并始终处于绿色生态先进省的行列。可以说，不管是在这些领域，还是在其他领域，缺少了对生态文明的坚持和坚守，都无法取得今天的成就。

（四）生态文明建设需要因地制宜探索差异化路径

习近平总书记指出，要按照人口资源环境相均衡、经济社会生态效益相统一的原则，统筹人口分布、经济布局、国土利用、生态环境保护，科学布局生产空间、生活空间、生态空间，给自然留下更多修复空间；要学习借鉴成熟经验，根据区域自然条件，科学设置开发强度，尽快划定每个城市特别是特大城市的开发边界，把城市放在大自然中，把绿水青山留给城市居民。广东区域差异巨大，珠江三角洲、粤北山区和东西两翼均有自

① 1 公顷 =0.01 平方千米。（本书使用非法定计量单位“公顷”，特此说明。——编者。）

己鲜明的生态特点。粤北山区以山区为主，也是广东主要的水源地和生态屏障区；粤东、粤西海岸线绵长，海洋生态保护的任务重；珠江三角洲地区则河网密布，随着改革开放先行一步实现经济发展，在成为世界重要产业基地的同时也成为主要的污染富集地。

如何推动不同地市探索与区域特征相适宜的发展路径，在实现先发地区绿色转型的同时，加速后发地区的绿色崛起，是广东长期面临的一项艰巨任务。广东是较早探索主体功能定位的省份，进入 21 世纪之后，就积极谋划基于区域有别的发展模式。2003 年提出了区域发展的红线、蓝线、绿线等；2006 年编制的《广东省国土规划（2006—2020 年）》就根据不同区域的生态功能特征推进分区规划；2008 年开始积极在政策层面提出逐步推进“三规合一”（“三规”指国民经济和社会发展规划、城乡规划、土地利用总体规划），并以河源、云浮、广州为试点在总体规划层面开展了“三规合一”规划探索；2012 年编制的《广东省主体功能区规划》提出了构建“核心优化、双轴拓展、多极增长、绿屏保护”的国土开发总体战略格局，使广东因地制宜的绿色发展之路更加清晰。与此同时，生态优先的理念也贯彻到各个区域的经济发展思路之中，2000 年之后，不少粤北山区更是将“绿色崛起”作为平衡经济发展与生态保护的主要理念，努力在保证绿色生态的前提下谋求可行的发展路径，从而鼓励各地市探索出了不同的生态文明建设模式。自 2015 年以来，广东又积极谋划“粤北特别生态保护区”，准备围绕粤北山区探索更为积极且全面的保护模式。

（五）改革创新是不断推进生态文明建设的动力源泉

生态文明建设是一个系统工程，涉及发展理念、发展方式的根本转变，涉及政治、经济、文化、社会建设的方方面面，是一场全方位、系统性的绿色变革。生态文明建设的性质决定了创新是其根本动力，要在观念上、制度上、科技上进行全方位的创新，以一体化的思维分层突破、整体推进，实现绿色可持续发展。中共中央、国务院反复强调，要坚持把深化改革和创新驱动作为基本动力，切实把生态文明建设工作抓紧抓好。

广东省较早关注生态问题并不断提升生态文明建设的战略地位，不断

探索绿色发展的新思路、新机制、新模式和新路径。在制度创新上，广东省在全国率先实施环保实绩考核制度，率先实施“党政同责，一岗双责”的政府领导考核机制，率先推行排污权交易制度和碳排放权交易制度，不断地探索行政和市场的新手段，推进生态文明建设。在科技创新上，广东省深刻认识到科技创新是决定生态文明建设进程乃至成败的核心要素，认识到绿色发展需要科技创新支撑和引领，要将科技创新作为战略基点，培育和发展战略新兴产业，推进传统产业优化升级，支撑引领绿色发展。广东围绕可持续发展的重大问题，加强科技攻关，突破了一批节能环保、应对气候变化的关键技术，形成产学研一体化，加快科技成果转化，为节能减排、绿色工业可持续发展提供动力。

第二章　广东优化国土空间开发

习近平总书记指出，“国土是生态文明建设的空间载体。要按照人口资源环境相均衡、经济社会生态效益相统一原则，整体谋划国土空间开发，科学布局生产空间、生活空间、生态空间，给自然留下更多修复空间。要坚定不移实施主体功能区战略，严格按照优化开发、重点开发、限制开发、禁止开发的主体功能定位，划定并严守生态红线，构建科学合理的城镇化推进格局、农业发展格局、生态安全格局，保障国家和区域生态安全，提高生态服务功能。要牢固树立生态红线的观念，在生态环境保护问题上，就是要不能越雷池一步，否则就应该受到惩罚。”① 经济社会发展在空间上表现为“人向自然要空间”“生产和生活向生态要空间”的过程，但是一旦索取过度，就会造成环境污染、灾害频发、能源资源过度开发、生态系统功能退化的后果。实现生产空间、生活空间和生态空间的“共融”是生态文明建设在空间上所需解决的核心问题，也是广东改革开放40年在国土空间开发格局上要解决的核心问题。

一、发展历程

“我们要认识到，在有限的空间内，建设空间大了，绿色空间就少了，自然系统自我循环和净化能力就会下降，区域生态环境和城市人居环境就

① 习近平：《习近平谈治国理政》，外文出版社2014年版，第209页。

会变差。"① 在改革开放过程中，广东经历了最初城乡建设用地持续扩张，生活和生态空间不断受到挤压，生产、生活、生态空间矛盾日益加剧的阶段，开始在实践中不断调整国土开发思路，探索按照人口资源环境相均衡、经济社会生态效益相统一原则，控制开发强度，调整空间结构，促进生产空间集约高效、生活空间宜居适度、生态空间山清水秀。

（一）1978—1991 年：积极探索空间管理机制

广东地处我国大陆最南部，北倚南岭、南临南海、毗邻港澳，全省土地面积 17.97 万平方千米，海域总面积 41.9 万平方千米；地貌类型复杂多样，素有"七山一水二分田"之称，山地、丘陵、台地和平原面积分别占全省土地总面积的 33.7%、24.9%、14.2% 和 21.7%，河流和湖泊等占全省土地总面积的 5.5%，农用地面积 14.89 万平方千米，"山、水、林、田、湖、海"生态要素完备；海洋资源丰富，拥有全国最长的大陆海岸线，长 4 114 千米，占全国的 1/5，拥有 759 个面积在 500 平方米以上的海岛。②

1978 年之后，广东全省上下经济建设热情高涨。作为改革开放先行区，广东凭借毗邻港澳的地理优势，通过承接港澳台地区的投资和产业转移，采取"前店后厂"的经营模式，工业开始蓬勃发展。来料加工、来样加工、来件装配和补偿贸易的"三来一补"企业在珠江三角洲地区大量涌现。这些企业分散在农村居民点周边、沿村镇主要道路，广东大地呈现出"村村点火、户户冒烟"的生产分散布局模式。

工业化带动了城镇的快速发展，广东建制镇的数量迅速由 1978 年的 121 个大幅度增加到 20 世纪 90 年代初的过千个。城市建成区面积也开始呈现规模扩展。1985 年，广东省 17 个城市（9 个地级市，8 个县级市）辖区面积 16 424 平方千米，建成区土地面积 483 平方千米；到 1990 年增

---

① 中共中央文献研究室：《习近平关于社会主义生态文明建设论述摘编》，中央文献出版社 2017 年版，第 48 页。

② 参见广东省人民政府：《广东省生态文明建设"十三五"规划》，见广东省发展和改革委员会网（http://www.gddrc.gov.cn/gov/gkml/201702/t20170215_385446.html）。

加到19个地级市，建成区面积扩大到577平方千米。①

工业化和城镇化导致非农建设用地迅速增长，建设用地占用耕地数量日益增加（见表2－1），特别在20世纪90年代初期，广东的非农建设用地占用耕地规模严重超标，1992年非农建设占用耕地超过原计划指标3倍以上②。受自然地形条件、区位条件以及社会经济发展需求的影响，广东的建设用地增长高度集中于珠江三角洲地区。到了20世纪90年代中期，深圳、东莞、珠海、佛山等市的建设用地已经超过土地资源的20%，其中大部分用于城乡居民点和独立工矿建设；广州、佛山、惠州、肇庆的未利用土地均在5%以下（见表2－2）。③

由于这一时期的土地开发、工业企业和城镇建设较为盲目，分散布局、重复建设的现象严重，"马路经济""诸侯经济"、乡村工业遍地开花，造成建设用地效率低下，珠江三角洲整个区域的平均建设用地效率（即单位建设用地第二、第三产业总产值）仅为0.3亿元/平方千米（按当年价计）。④

表2－1　改革开放初期历年土地利用变化情况

年份	非农建设用地年内增长/公顷	非农建设用地占用耕地	
		面积/公顷	占比/%
1980	—	6 385	—
1985	—	3 129	—
1987	9 053	7 567	15.97

① 袁奇峰等：《改革开放的空间响应——广东城市发展30年》，广东人民出版社2008年版，第12页。

② 黄宁生、孙大中：《广东省耕地资源的利用问题》，载《地球化学》1998年7月第27卷第4期，第347页。

③ 杨宇、由翌：《从整合发展到全域规划——珠江三角洲区域规划新趋势》，载《城市与区域规划研究》2015年第3期，第102页。

④ 叶玉瑶、张虹鸥等：《珠江三角洲建设用地扩展与经济增长模式的关系》，载《地理研究》2011年12月第30卷第12期，第2262页。

（续表2-1）

年份	非农建设用地年内增长/公顷	非农建设用地占用耕地	
		面积/公顷	占比/%
1988	12 574	6 385	18.04
1989	6 538	3 129	16.42
1990	5 546	2 540	14.64
1991	9 979	4 042	11.96
1992	29 916	12 984	14.20

资料来源：《广东30年建设用地增长对经济发展的贡献》①。

表2-2　20世纪90年代中期珠江三角洲各大城市土地利用比率

单位：%

城市	农业用地占比	建设用地占比	城乡居民点及独立工矿用地占建设用地比率	未利用地占比
广州	81.72	15.28	81.72	3.00
深圳	59.65	28.50	90.00	11.85
珠海	60.82	22.51	—	16.67
佛山	75.10	20.78	79.00	4.12
东莞	67.70	25.40	82.74	6.90
惠州	86.90	9.10	83.80	4.00
江门	81.78	9.41	69.84	8.81
肇庆	92.42	4.41	78.47	3.17

资料来源：《从整合发展到全域规划——珠江三角洲区域规划新趋势》②。

① 张虹鸥、叶玉瑶等：《广东30年建设用地增长对经济发展的贡献》，载《经济地理》2008年11月第28卷第6期，第905页。

② 杨宇、由翌：《从整合发展到全域规划——珠江三角洲区域规划新趋势》，载《城市与区域规划研究》2015年第3期，第102页。

为了加强全省土地管理，保护好全省有限的耕地资源，广东开始组建土地管理机构并开展土地立法工作。1985年，广东省国土厅正式成立，成为全国第一个省级土地管理机构。从1986年下半年至1987年年底，全省已普遍建立起市（地）、县国土管理机构（含部分乡镇国土所），基本上完成了全省国土机构的组建工作，并在全省形成了一个省、市、县、乡镇各级土地管理机构网络，从组织机构上保证了全省城乡土地的统一管理和制止乱占耕地、切实保护耕地任务的贯彻执行。1986年6月，《中华人民共和国土地管理法》颁布，广东省于同年11月颁布《广东省土地管理实施办法》，于1987年1月1日起与《土地管理法》同步施行。在立法时间和施行日期上早于全国其他各省。①

面对生产空间、生活空间、生态空间矛盾日益加剧的现实情况，广东以加强城市环境综合整治为契机，开始实施一些改善居民生活空间的举措，如"在城市盛行风上风向、水源保护区、风景名胜区、文化教育区和生活居住区，禁止新建污染型项目；原有污染项目，环境保护部门要促其限期治理或搬迁""城市街道要有计划地扩宽，以利车流通畅，减轻机动车废气污染""市区要合理配置绿化带和街心花园、公园，禁止侵占和破坏原有园林、绿地和苗圃基地，对强行侵占的必须限期退出"。②

（二）1992—2012年：全面加强空间规划

1992年邓小平南方谈话之后，改革开放进一步推进，广东的经济社会进入到了一个新的快速发展期。这一阶段既要满足人口增加、人民生活改善、经济发展、基础设施建设对国土空间的巨大需求，又要为保障粮食安全而保护耕地，还要保障生态安全和人民健康。因此，控制建设用地总量，补充和保护耕地，提高土地利用效率，科学布局生产、生活和生态空间成为广东必须面对的现实问题。

---

① 参见广东省地方史志编纂委员会《广东省志·国土志》，广东人民出版社2004版。

② 广东省人民政府：《广东省政府关于加强城市环境综合整治的决定》，参见广东省人民政府网（http://www.gd.gov.cn/govpub/dffg/200606/t20060616_1347.htm）。

1. **强化用地计划管理**

为了解决改革开放初期阶段的国土空间无序开发问题，在全国的统一部署下，广东共开展了3轮土地利用总体规划的编制与实施，为规范土地使用提供了规划指引。

第一轮的《广东省土地利用总体规划（1987—2000年）》是在第一版的《土地管理法》（1986年）的基础上进行的，其更多的是起到了试点与研究的作用，土地利用总体规划的方法、内容、程序等都处于探索阶段。

第二轮的《广东省土地利用总体规划（1997—2010年）》是在1998年修订后的《土地管理法》基础上进行的，规划的主要内容有两个：一是确定了规划期间土地利用的主要调控指标，包括耕地保有量、基本农田保护区、建设用地总规模等，并由上至下分解到县（市）、镇级规划中予以落实；二是划定了土地用途分区，提出了用途分区管制规则。《广东省土地利用总体规划（1997—2010年）》的编制和实施，在保护耕地、促进土地集约利用和保障经济社会可持续发展等方面发挥了重要作用，确立了以规划为依据进行用途管制的土地管理制度，各级政府按规划用地、管地的意识普遍增强。

到了2009年，广东省政府又印发了《广东省土地利用总体规划（2006—2020年）》，以耕地保护为前提，以保障和促进经济社会科学发展为主线，围绕着土地节约集约利用、区域协调和土地空间管制等内容，阐明了规划期内广东省的土地利用战略、土地利用目标、土地利用任务和土地用途管制政策。

2. **实行最严格的耕地保护制度**

通过耕地保护制度的不断完善解决地少人多问题也是广东的重要举措。1993年，广东省人大常委会通过了《广东省基本农田保护区管理条例》，在国内率先经省人大立法划定基本农田保护区。1995年，广东省人大常委会通过《广东省基本农田保护规划》，确定基本农田保护区总面积不低于200万公顷，全省旱涝保收、产量较高的133.33万公顷水稻田为一级保护区，要长期保护；其余的66.67万公顷为二级保护区，至少保护至2020年。1996年，广东省政府颁布了《广东省基本农田保护区管理实施办法》，规定非农建设项目原则上不得占用基本农田保护区内的土地，并要求基本农田保护区内的土地经批准被占用的要将同等数量和质量相当的非保护区农田划入基本农田保护区，以保证保护区面积相对稳定。1999 年，《广东省土地利用总体规划（1997—2010 年）》正式实施，提出到 2010 年耕地保有量不低于 325.76 万公顷，基本农田保护面积不少于 284.67 万公顷。2002 年，广东省人大常委会通过《广东省基本农田保护区条例》，并根据广东实际，明确将原为水田或者其他优质耕地、后改为其他农业用途且土壤层未被破坏或者轻度破坏易于恢复的农用地划入基本农田保护区，严格管理。2008 年，广东省人大常委会通过了《广东省土地利用总体规划条例》，率先在国内以人大立法的形式加强土地利用总体规划管理，严格实行土地用途管制，切实保护耕地和基本农田。2009 年，《广东省土地利用总体规划（2006—2020 年）》获国务院批准，明确到 2010 年耕地保有量不低于 291.4 万公顷，基本农田保护面积不少于 255.6 万公顷。

1997—2010 年，广东共补充耕地 14.92 万公顷；2000—2010 年，连续 11 年实现建设占用耕地占补平衡；到 2010 年末，全省耕地面积（含可调整地类）312.47 万公顷，较好地完成了耕地保护任务。2001—2010 年，通过实施土地整理、农业综合开发等农用地整治项目，建设完成 43.93 万公顷标准化农田，建立了 3 个国家级和 6 个省级基本农田保护示范区，大幅度提高了基本农田质量。①

3. 探索节约集约利用土地

2008 年 3 月，时任国务院总理温家宝在十一届全国人大一次会议广东代表团参加审议政府工作报告时提出，希望广东成为全国节约集约利用土地的示范省。在原国土资源部的指导和支持下，广东全省各地、各部门开始积极推进建设节约集约用地试点、示范省工作。2008 年 10 月，广东开始着手开展节约集约用地先行先试专题试点工作，确定了 5 个试点专题：

---

① 广东省国土资源厅：《广东省土地整治规划（2011—2015 年）》，见中华人民共和国自然资源部网（http://www.mlr.gov.cn/zwgk/ghjh/201305/t20130529_1220680.htm）。

在珠海市、汕头市、江门市、湛江市、惠来县开展围（填）海造地工作；在佛山市、东莞市开展“三旧”（即旧城镇、旧厂房、旧村庄）改造工作；在东莞市、惠州市、增城市开展闲置地处置工作；在广州市、深圳市开展开发区节约集约用地工作；在江门市新会区开展土地整理开发工作。

2009 年，原国土资源部和广东省政府共同制定了《广东省建设节约集约用地试点示范省工作方案》，成立了建设节约集约用地试点示范省领导小组，由部、省主要领导亲任组长，原国土资源部有关司局、广东省直有关部门及 21 个地级以上市政府主要负责人担任成员。根据方案要求，广东省政府迅速制定了试点示范省工作分工方案，明确了省直各有关部门、地方各级政府的职责，并定期督促检查，确保各项工作落到实处；建立了考评激励机制，将节约集约用地考核、“三旧”改造等一并纳入耕地保护责任目标履行情况进行考核，将“单位建设用地第二、第三产业增加值”作为《珠江三角洲地区改革发展规划纲要（2008—2020 年）》目标考核指标，对节约集约用地、“三旧”改造、耕地保护等工作成绩突出的市、县予以奖励。

同时，广东还将“城乡建设用地增减挂钩项目”和“三旧”改造工作相结合，对低效、闲置土地进行治理，着力盘活城镇存量建设用地。在 2008—2010 年期间，全省完成“三旧”改造面积 0. 75 万公顷，节约土地 0. 31 万公顷，减少建设占用耕地 0. 15 万公顷，平均节地率达 42. 07%，有效盘活了存量低效建设用地资源，提高了土地利用效率；通过城乡建设用地增减挂钩项目完成拆旧面积 2 419 公顷，建新面积 2 302 公顷，复垦耕地面积 615 公顷，确保了耕地面积有增加，建设用地总量有减少，布局更合理。①

4. 推动工业园区节约集约发展

工业园区是根据地方工业发展水平，为发展区域（国家）经济，按照经济发展规律，尤其是产业集聚发展的客观要求，在一定的地域空间范围

① 广东省国土资源厅：《广东省土地整治规划（2011—2015 年）》，见中华人民共和国自然资源部网（http://www. mlr. gov. cn/zwgk/ghjh/201305/t20130529_1220680. htm）。

内，通过集中配置基础设施并制定一系列相关优惠政策，吸引或引导工业企业及相关配套产业向该地域集聚的一种产业空间组织形式。① 工业园区是推动产业集聚和节约集约发展的重要载体。广东的工业园区主要有国家级的各类园区，以及省内的开发区、高新技术区、产业转移工业园和一般工业园区。

为充分发挥工业园区在产业集聚、土地等资源节约集约利用等方面的积极作用，广东不断加强对工业园区的管理，推进工业园区的绿色、循环、低碳发展。1999年，原国家环保总局在全国率先进行推进生态工业、促进区域环境污染综合整治的探索。2001年，佛山市南海国家生态工业示范园成为原国家环保总局批准成立的全国首个国家级生态工业示范园，园区以循环和生态工业理念指导建设，为广东工业园区的绿色化改造和建设提供了良好示范。2011年，广东开始启动省级循环经济工业园的申报认定工作，要求被认定为循环经济工业园的园区，按照“减量化、再利用、资源化”原则，制定园区管理规章制度，加强园区循环经济产业规划布局，组织实施相关项目，促进园区结构调整和升级优化，全面推进园区内企业清洁生产审核和资源综合利用，实现资源高效利用和循环利用，积极落实节能减排工作。为促进工业园区实施绿色升级改造、降低环境风险、缓解污染压力，2012年，广东省环保厅出台了《广东省环境保护厅关于绿色升级示范工业园区创建的管理办法（试行）》，是全国首个提出工业园“绿色升级”的省份。

5. 制定城乡建设规划

（1）城乡建设规划。

从20世纪90年代开始，广东省不断加强城乡规划，各级人大、人民政府相继制定了一大批城乡建设管理的地方性法规和政府规章。到“十一五”末，全省城市总体规划编制率实现100%；深圳、广州、珠海、东莞等市实现了中心城区控制性详细规划的全覆盖；全省992个建制镇完成总

---

① 程玉鸿、阎小培、林耿：《珠江三角洲工业园区发展的问题、成因与对策——基于企业集群的思考》，载《城市规划汇刊》2003年第6期，第37页。

体规划编制，覆盖率达到85.3%；271个中心镇全部完成了总体规划编制；全省约4 000个村庄编制了规划，村庄规划覆盖率达34%。如中山市将“适宜创业、适宜创新、适宜居住”确定为城市总体规划编制指导思想和发展目标，将财政的60%投入到安居建设等5大民生工程；惠州市协调土地规划、产业发展规划等各类规划与环境保护目标，明确了全市生态功能分区和永久保护区，为城市建设提供科学导向；肇庆市以实施《肇庆市城市总体规划（2010—2020）》为契机，全力打造“最适宜旅游的花园式城市”“最适宜人居的生态型山水城市”“最适宜创业的现代化工业城市”。随着《广东省城镇体系规划（2006—2020）》等的不断深化，全省基本形成了布局合理、组合有序、优势互补、持续发展的城镇体系。

（2）珠江三角洲城镇群建设规划。

改革开放初期，珠江三角洲地区建设用地基本处于失控的状态。为了阻止城市的蔓延和工业在农村地区的无序扩散，20世纪90年代以来，广东积极推进珠江三角洲城镇群建设，先后开展了4次区域规划，分别是1991年完成的《珠江三角洲城镇体系规划（1991—2010）》、1995年完成的《珠江三角洲经济区城市群规划》、2004年完成的《珠江三角洲城镇群协调发展规划（2004—2020）》、2008年年底颁布实施的《珠江三角洲地区改革发展规划纲要（2008—2020年）》。如何合理引导城镇布局和空间发展是历次珠江三角洲区域规划关注的重点。

为科学合理引导城镇发展布局，第一次规划紧扣城镇体系基本特点，探索性提出了城镇规模、职能等级结构体系的构建设想。第二次规划在此基础上，突出了城市规划所关注的空间问题，包括区域空间分区、空间结构和空间模式，并创新性地提出了都会区、市镇密集区、开敞区、生态敏感区等4种用地区的空间协调发展模式。第三次规划强调轴带体系、中心体系和新型功能区的培育以及产业适度重型化背景下产业聚集区的布局引导。第四次规划提出了城乡规划、产业布局、基础设施、基本公共服务、环境保护“五个一体化”。政府通过这一系列规划，对珠江三角洲城镇群的空间演化方向、空间拓展规模、空间质量以及发展速度进行了人为的干预与调控，优化了城镇群的空间结构。

6. 拓展“生态空间”

广东以林业建设、湿地建设、绿道建设等为抓手，大力拓展生态空间。2005年，广东省委、省政府做出了《关于加快建设林业生态省的决定》，提出要加强流域水源涵养林建设，大力营造、保护沿海防护林和滩涂红树林，恢复海岸森林生态系统，推进铁路、国道、省道、高速公路等沿线绿化和农田林网建设，构筑覆盖全省的绿色森林网络。2009年，广东开始在珠江三角洲地区率先探索构建由区域绿道（省立）、城市绿道和社区绿道组成，有机串联郊野公园、自然保护区、风景名胜区、历史古迹等重要节点，密切联系城市与乡村的多层级的绿色网络系统。2012年，《广东省绿道网建设总体规划（2011—2015年）》开始正式实施，旨在推动珠江三角洲绿道网向粤东西北地区延伸，逐步构建全省互联互通的绿道网。

为了保护城市“生态空间”，广东省建设厅先后出台了《广东省区域绿地规划指引》和《广东省环城绿带规划指引》，把区域绿地和环城绿带规划纳入城镇体系规划和城市总体规划的重要内容，对区域内不可建设用地从规划政策层面施以严格的“绿线管制”。区域绿地范围内的土地利用和各项建设，必须符合区域绿地规划，遵照相关法律、法规，严格实施空间管制。

（三）2013—2018年：以主体功能区划引领发展

党的十八大明确提出，“要按照人口资源环境相均衡、经济社会生态效益相统一原则，控制开发强度，调整空间结构，促进生产空间集约高效、生活空间宜居适度、生态空间山清水秀”。党的十八届三中全会进一步提出“建立空间规划体系，划定生产、生活、生态空间开发管制界限，落实用途管制”以及“划定生态保护红线”“建立国土开发空间开发保护制度”的具体要求。2013年，中央城镇化工作会议把提高城镇建设用地利用效率，以及形成生产、生活、生态空间的合理结构作为推进新型城镇化主要任务。2015年，中央城市工作会议再次提出城市发展要依据生产、生活、生态空间的内在联系统筹布局，提高城市发展的宜居性。2016年3

月，《中华人民共和国国民经济和社会发展第十三个五年规划纲要》正式印发，强调要建立由空间规划、用途管制、差异化绩效考核等构成的空间治理体系，推动城市化、农业和生态安全战略格局的主体功能区布局。2017年，国务院印发的《全国国土规划纲要（2016—2030）》要求，坚持国土开发与资源环境承载能力相匹配、人口资源环境相均衡，根据资源禀赋、生态条件和环境容量，明晰国土开发的限制性和适宜性，划定城镇、农业、生态三类空间开发管制界限，科学确定国土开发利用的规模、结构、布局和时序。

在这一系列政策文件的指导下，广东以主体功能区规划和国土空间规划为行动纲领，严格实施空间管控，逐步向生产—生活—生态空间协调的国土开发方式转变。

1. 制定主体功能区规划

推进形成主体功能区是中共中央、国务院提出的重大战略任务，是深入贯彻落实科学发展观的重大举措。主体功能区规划是推进形成主体功能区的基本依据，是科学开发国土空间的行动纲领和远景蓝图，是国土空间开发的战略性、基础性和约束性规划，是其他有关规划在国土空间开发和布局方面的基本依据。2012年，广东颁布了《广东省主体功能区规划》，在分析广东经济社会发展现状、资源环境承载能力的基础上，确定了广东国土空间开发战略格局和开发策略。

《广东省主体功能区规划》提出，推进形成主体功能区，要从战略高度出发，遵循不同国土空间的自然属性，着力构建"五大战略格局"：一是构建"核心优化、双轴拓展、多极增长、绿屏保护"的国土开发总体战略格局；二是构建"一群、三区、六轴"的网络化城市发展战略格局；三是构建以"四区、两带"为主体的农业战略格局；四是构建以"两屏、一带、一网"为主体的生态安全战略格局；五是构建以"三大网络、三大系统"为主体的综合交通战略格局。①《广东省主体功能区规划》将广东

① 广东省人民政府：《广东省主体功能区规划》，见广东省经济和信息化委员会公众网（http://www.gdei.gov.cn/flxx/cyzc/cyjgtz/201412/t20141230_113696.htm）。

省陆地国土空间划分为优化开发、重点开发、生态发展（即限制开发）和禁止开发4类主体功能区域，明确了这4类主体功能区的地域范围、功能定位、发展方向及目标、开发指引以及区域政策和绩效考核等方面的保障措施。

2. 制定国土规划

国土规划是一个国家或区域高层次的综合性规划，其主要任务是通过合理配置国土资源、优化国土开发空间、保护生态环境、统筹区域和城乡发展，保障区域可持续发展，是政府优化配置国土资源、进行国土空间治理的重要手段。改革开放以来，随着国家中心工作转到经济建设，为有效引导和有序推进大规模的国土开发整治，1981年4月2日，中央书记处第九十七次会议做出决定，将国土规划正式提到国家议事日程，并迅速展开。广东的国土规划工作也于1987年年底开始，规划内容主要涉及资源综合开发、生产力布局和生态环境综合整治等方面。由于多种原因，除《金沙江下游地区国土规划》和《山东省综合国土规划》外，《全国国土规划纲要》以及其他要求报国务院审批的国土规划都未能正式批复。2001年8月，国土资源部印发《关于国土规划试点工作有关问题的通知》，决定在深圳市和天津市开展国土规划试点工作，2004年9月，广东省也被纳入国土规划试点。2013年4月，广东省政府正式印发了《广东省国土规划（2006—2020年）》，该规划根据国土开发战略目标、国土空间结构特点，通过分析水土资源支撑能力、生态敏感性和环境胁迫状况、人口和经济发展现状、未来发展潜力以及农业发展水平和潜力，将广东省国土综合功能区分为6类11区（见表2－3）。

表 2－3　广东省国土综合功能区类型

国土功能区类型	国土综合功能区	范　　围
优化提升类国土综合功能区	珠江三角洲（核心）优化提升区	广州市（不含花都区、增城市和从化市），深圳市，珠海市，佛山市的禅城区、南海区、顺德区，江门市的江海区、蓬江区、新会区等 5 个地级市的 24 个区，以及东莞市和中山市
优化发展类国土综合功能区	珠江三角洲（外围）优化发展区	广州市的花都区、增城市、从化市，佛山市的三水区、高明区，江门市的台山市、开平市、鹤山市、恩平市，肇庆市的鼎湖区、端州区、高要市、四会市，惠州市的惠城区、惠阳区、博罗县、惠东县，河源市的源城区，清远市的清城区，云浮市的云城区。共 20 个区县市
重点发展类国土综合功能区	潮汕揭（粤东沿海）重点发展区	汕头市 6 区，揭阳市的榕城区、揭东区、普宁市、惠来县和潮州市。共 13 个区县市
	湛茂（粤西沿海）重点发展区	湛江市的赤坎区、霞山区、麻章区、坡头区、吴川市，茂名市的茂南区、茂港区、电白县。共 8 个区县市
适度发展类国土综合功能区	韶关适度发展区	韶关市的曲江、浈江和武江 3 区
	汕尾适度发展区	汕尾市城区、海丰县和陆丰市 3 个区县市
	阳江适度发展区	阳江市的江城区和阳西县、阳东县

（续表2-3）

国土功能区类型	国土综合功能区	范　围
综合发展类国土综合功能区	粤西综合发展区	湛江市的遂溪县、徐闻县、廉江市、雷州市，茂名市的高州市、化州市，阳江市的阳春市。共7个县市
	粤北综合发展区	清远市的佛冈县、清新区、英德市，肇庆市的广宁县、德庆县，惠州市的龙门县，云浮市的新兴县、云安县、罗定市。共9县市
	粤东综合发展区	汕尾市的陆河县，揭阳市的揭西县，梅州市的梅江区、梅县、大埔县、丰顺县、五华县和河源市的紫金县。共8个区县
生态优先类国土综合功能区	生态优先区	韶关市的始兴县、仁化县、翁源县、乳源县、新丰县、乐昌市、南雄市，肇庆市的怀集县、封开县，梅州市的平远县、蕉岭县、兴宁市，河源市的龙川县、连平县、和平县、东源县，清远市的阳山县、连山县、连南县、连州市，云浮市的郁南县，茂名市的信宜市，汕头市的南澳县。共23个县市

资料来源：《广东省国土规划（2006—2020年）》。

《广东省国土规划（2006—2020年）》提出，按照有利于提高国土空间竞争力、建立高效国土，有利于协调区域发展、打造均衡国土，有利于统筹人与资源环境的关系、形成和谐国土的目标要求，在全国国土开发总体架构下，将全省各国土功能区结点、连线、成带，构筑国土开发的点轴系统，形成“中心网络、圈层拓展、轴线辐射、增长极化”的国土空间结构演进路径，打造“一核、两轴、三区、多点”的国土空间开发基本格局。①

① 参见广东省人民政府《广东省国土规划（2006—2020年）》，见广东省人民政府网（http://zwgk.gd.gov.cn/006939748/201305/t20130508_374227.html）

3. 继续推进工业园区节约集约发展

2013 年，广东省委、省政府出台了《关于进一步促进粤东西北地区振兴发展的决定》，提出要制定促进粤东西北地区产业园区扩能增效的实施方案，提升产业园区集聚集约发展水平。2016 年 11 月，广东省政府进一步出台了《广东省促进粤东西北地区产业园区提质增效的若干政策措施》，提出要促进园区绿色高效发展，要求园区制定实施单位面积土地投资强度、产出强度标准，提高土地利用集约度。

2016 年 3 月，广东省政府出台了《广东省促进经济技术开发区转型升级创新发展实施方案》，提出要进一步推动广东的国家级经济技术开发区和省级经济开发区加快转型发展，强调要坚持绿色集约发展：以土地集约利用带动产业集聚发展，鼓励各市新增土地规模和指标适度向经济技术开发区倾斜，推进企业、产业向园区集聚，提高土地利用效率；支持经济技术开发区创建生态工业示范园区、循环经济改造示范试点园区等绿色园区，开展经贸领域节能环保国际合作。严格资源节约和环境准入门槛，支持发展节能环保产业，提高能源资源利用效率，减少污染物排放，防控环境风险。

与此同时，佛山市顺德区、南海区等也开始全面部署村级工业园升级改造，目标是建设生态型、集约型的现代化园区。

4. 划定生态控制线

党的十八届三中全会提出，“建设生态文明，必须建立系统完整的生态文明制度体系，用制度保护生态环境。划定生态保护红线，改革生态环境保护管理体制”。2013 年 10 月，广东省政府下发了《关于在全省范围内开展生态控制线划定工作的通知》，要求各地开展全省生态控制线划定工作，通过划定生态控制线，明确界定各类自然保护区、水源保护区、生态公益林区、森林公园、湿地公园、基本农田保护区、风景名胜区、地质地貌风景区，重要江河湖泊、水库、海岸、沼泽湿地，大型城市绿地、生态廊道以及重要野生动植物资源的保护控制范围，划定生态“红线”，坚守生态屏障，严控城市建设用地增长边界。广东是全国率先启动“生态控制线划定”工作的省份之一。

2014 年 8 月，广东省政府办公厅正式印发《广东省林业生态红线划定工作方案》，旨在通过划定林业生态红线，统筹林地保护利用规划、湿地保护工程规划和自然保护区、自然保护小区、森林公园、生态公益林建设规划，构建生态基础稳固、生态内涵丰富、生态容量逐步提升的林业生态体系，发挥林业在维护生态平衡、生物多样性、提高生态承载力中的决定性作用，为全省生态建设提供安全保障。

2016 年 9 月，广东省环境保护厅印发了《广东省环境保护“十三五”规划》，明确提出：实施生态环境分级管控。按照“面积不减少、功能不降低、性质不转换”的原则，对生态严控区进行优化调整，整合划定具有广东特色的生态保护红线，加强重点生态功能区、生态环境敏感区和脆弱区保护力度。落实生态空间用途管制，建立实施“准入清单”“负面清单”，加强生态保护红线分级分类管理，建立完善生态保护红线补偿机制。完善生态保护红线动态管理机制，建立管理信息系统，推进生态保护红线精准化勘界落地，提升精细化管理水平。按照广东省委、省政府的部署，广东省各地市也在积极开展生态保护红线的划定工作。

5. 深入推进城乡建设

（1）推进新型城镇化建设。

2014 年 6 月，广东省召开城镇化工作会议，对全省新型城镇化工作做出全面部署。2017 年 8 月，《广东省新型城镇化规划（2016—2020 年）》发布实施，提出根据资源环境承载能力构建科学合理的城镇化宏观布局，优化城镇群布局和形态，推进大中小城市与小城镇协调发展，严格控制城镇建设用地规模，严格划定永久基本农田和生态保护红线，合理控制城镇开发边界，优化城市内部空间结构，促进城市紧凑发展，提高国土空间利用效率的基本原则。

（2）全面开展农村人居环境整治。

2014 年中央 1 号文件聚焦全面深化农村改革，提出改善村庄人居环境的要求。2014 年 10 月，《广东省人民政府办公厅关于改善农村人居环境的意见》提出：从 2014 年起，以县（市、区）为责任主体，每年整治改善 10% 以上的自然村（村民小组）人居环境，力争到 2020 年全省基本完

成村庄人居环境整治改善任务，农村基本生活条件进一步改善，实现农村住房安全、饮水干净、出行便捷、消防安全，建成一批村居美、田园美、生活美的宜居村庄。2016 年 4 月，广东省农村工作会议召开。会议要求，加快补齐农村基础设施建设短板，着力改善农村人居环境，要把农村环境综合整治作为重中之重，切实把改善农村人居环境作为美丽乡村建设的基础前提。6 月，在广州召开的全省进一步加快县域经济社会发展工作会议再次强调，要围绕新农村建设改善农村人居环境。随后，《关于加快农村人居环境综合整治建设美丽乡村三年行动计划》正式出台，明确提出：以 20 户以上自然村为基本单元，每年整治 20% 的自然村。到 2018 年粤东西北地区完成 80%、珠江三角洲地区基本完成自然村环境综合整治任务，实现村容村貌明显改观。

6. 继续拓展“生态空间”

2013 年 8 月，广东省委、省政府出台了《关于全面推进新一轮绿化广东大行动的决定》，提出通过 10 年左右的努力，将广东建设成为森林生态体系完善、林业产业发达、林业生态繁荣、人与自然和谐的全国绿色生态第一省。随后，全省各级林业和相关部门先后组织编制了生态景观林带、森林碳汇、森林进城围城、乡村绿化美化等 4 大重点林业生态工程规划，出台了建设森林生态“五大体系”、城市绿化工作、矿山复绿行动等 6 个配套实施方案，生态空间得到了进一步拓展。

二、广东国土空间开发及格局优化的主要成就

改革开放 40 年来，广东始终遵循按照人口资源环境相均衡、经济社会生态效益相统一的原则，在实践中不断探索适合广东实际的国土空间开发模式和格局优化路径，成效明显。

（一）逐步形成了定位鲜明的空间开发格局

逐步形成了由珠江三角洲、粤东沿海地区、粤西沿海地区、粤北山区构成的国土功能特色比较鲜明的四大板块格局。

珠江三角洲是世界加工制造业基地、我国三大城市群之一。2016 年，

珠江三角洲地区实现GDP 67 841.9亿元，占全省的79.3%；人均GDP达11.4万元，参照经济合作与发展组织2016年最新划分标准，珠江三角洲地区已达到高等收入水平标准；常住人口为5 998.5万人，占全省的54.5%，人口密度为1 071.2人/平方千米，是全国人口的重要聚集地之一；城镇化率达到84.9%。根据2014年全国城市规模划分标准，珠江三角洲9市均达到了大城市以上级别，其中超大城市2个，分别是广州和深圳；特大城市2个，分别为东莞和佛山；Ⅰ型大城市1个，Ⅱ型大城市4个。2015年1月，世界银行发布的报告显示，珠江三角洲地区超越日本东京，成为世界人口和面积最大的城市群。①

粤东和粤西是全省重点开发区域。粤东地区自然资源、海洋产业、侨乡侨资等具有得天独厚的优势；粤西地区东接珠江三角洲、西临环北部湾经济圈，区位优势明显。"十二五"以来，粤东GDP年均增长9.5%，比全省年均增速高1.2%。2016年，粤东地区生产总值达5 893.19亿元，人均GDP达34 036元，城镇化率达60.02%，汕头港已进入世界港口集装箱吞吐量百强。"十二五"以来，粤西GDP年均增长9.8%，高于全省年均增速1.5%，为四大区域最快增速。2016年，粤西GDP达6 491.93亿元，居粤东西北地区三大区域之首；城镇化率达42.68%；粤西农业发展较好，香蕉、荔枝、龙眼、杧果和菠萝等岭南佳果，誉满全国，茂名和湛江是广东农业的第一大和第二大市；工业发展特色明显，发展逐步加快。茂名的重化工业发展实现新突破，湛江石油加工业迅速崛起，阳江的五金刀剪行业也发展成为全省乃至全国最大的行业。②

粤北是全省重要的生态安全屏障、水源涵养区和生物多样性保护区域，土地、林业、矿产和旅游资源丰富，生态环境得天独厚。近年来，粤北山区的粮食、蔬菜、水果、烟草等具有山区特色的农业种养业保持稳定发展势头，以旅游、物流业为龙头的第三产业发展迅猛。2017年9月，广

---

① 冯文鹏：《2000年以来珠江三角洲地区城镇化发展浅析》，见广东统计信息网（http://www.gdstats.gov.cn/jyky/tjky/kycg/201803/t20180314_ 382309.html）。

② 彭惜君：《近年来广东区域经济协调发展情况分析》，见广东统计信息网（http://www.gdstats.gov.cn/tjzl/tjfx/201712/t20171201_377280.html）。

东通过了《建设粤北生态特别保护区工作方案》，提出要坚决走生态发展的新路子，高标准规划建设特别保护区，切实落实主体功能区战略，集中力量在韶关、清远打造连片的、规模较大的生态保护区，不断增强水源涵养、生物多样性保护等功能，筑牢粤北生态屏障。

（二）国土开发水平位居全国前列

改革开放以来，广东国土开发快速推进，土地节约集约利用水平不断提高，是我国经济最发达、开放程度最高、集聚人口最多、人均城乡建设用地最少的省份之一。[①] 2017 年，广东国土开发强度为 11.53 %[②]，低于同期江苏（20.99%）[③] 与浙江（12.4%）[④]。对于开发强度，国际上一般将 20% 作为宜居水平的标准线，30% 作为警戒线。按此标准，广东整体处于宜居水平，除广州等 7 个城市外，其余地市国土开发强度均位于 20% 以下（见表 2－4）；全省单位建设用地 GDP 产出为 25.1 万元/亩，高于同期山东（14.3 万元/亩）、江苏（19.8 万元/亩）、浙江（22.5 万元/亩）；[⑤] 全省建设用地第二、第三产业增加值为 3.47 亿元/平方千米[⑥]，位列全国省区首位。

---

① 参见广东省国土资源厅《广东省国土规划（2016—2035 年）》（征求意见稿），见广东省国土资源厅网（http://www.gdlr.gov.cn/gdsgtzyt/_132477/_132501/_134112/1908674/index.html）。

② 参见广东省国土资源厅《2017 年广东省国土资源公报》，见广东省国土资源厅网（http://www.gdlr.gov.cn/gdsgtzyt/_132477/_132501/_134108/1938183/index.html）。

③ 参见黄竹岩、张鑫《江苏土地开发强度全国居首 国土厅长呼吁节约利用资源》，见人民网江苏频道（http://js.people.com.cn/n2/2017/0421/c360303－30073357.html）。

④ 参见浙江省国土资源厅《2017 浙江省国土资源公报》，见浙江省国土资源厅网（http://www.zjdlr.gov.cn/art/2018/6/6/art_1289955_18473272.html）。

⑤ 参见山东省人民政府办公厅《省国土资源厅副厅长李树民谈国土资源节约集约示范省创建》，见山东省人民政府网（http://www.shandong.gov.cn/art/2018/6/26/art_2595_3086.html）。

⑥ 此数据为 2015 年数据，参见广东省国土资源厅《广东省国土规划（2016—2035 年）》（征求意见稿），见广东省国土资源厅网（http://www.gdlr.gov.cn/gdsgtzyt/_132477/_132501/_134112/1908674/index.html）。

表2－4 全省各地市土地开发利用情况（2015年）

地市	土地总面积/万公顷	建设用地规模/万公顷	城镇工矿用地/万公顷	国土开发强度/%
广州市	72.49	17.98	10.08	24.81
韶关市	184.13	8.60	2.97	4.67
深圳市	19.97	9.76	8.23	48.87
珠海市	17.32	5.10	3.77	29.43
汕头市	21.99	6.21	2.72	28.22
佛山市	37.98	14.27	5.60	37.58
江门市	95.05	11.51	4.47	12.11
湛江市	132.63	18.72	5.02	14.11
茂名市	114.27	12.54	2.54	10.98
肇庆市	148.91	9.25	3.33	6.22
惠州市	113.46	10.45	5.29	9.21
梅州市	158.65	9.41	2.40	5.93
汕尾市	48.65	4.50	1.33	9，26
河源市	156.54	9.05	1.61	5.78
阳江市	79.56	6.80	2.38	8.55
清远市	190.36	10.45	3.42	5.49
东莞市	24.60	11.67	2.46	47.45
中山市	17.84	6.85	4.53	38.40
潮州市	31.46	3.96	0.92	12.58
揭阳市	52.65	7.57	1.86	14.58
云浮市	77.85	5.80	1.62	7.44
广东省	1797.16	200.46	76.55	11.15

资料来源：《广东省国土规划（2016—2035年）》（征求意见稿）①。

① 广东省国土资源厅：《广东省国土规划（2016—2035年）》（征求意见稿），见广东省国土资源厅网（http://www.gdlr.gov.cn/gdsgtzyt/_132477/_132501/_134112/1908674/index.html）。

随着节约集约用地示范省建设的深入推进，广东的土地综合整治成效也逐渐显现出来。2008—2017 年，广东累计实施“三旧”改造项目 9 794 个，面积 40 930.91 公顷。其中：完成改造项目 5 717 个，面积 22 813.84 公顷；正在改造项目 4 077 个，涉及改造面积 18 117.06 公顷。实现节约土地约 10 609.55 公顷，节地率 46.5%。[①] 2011 年以来，广东建成高标准农田 122.07 万公顷，平均质量提高 0.43 个利用等。完成矿山恢复治理面积约 3 000 公顷，大中型矿山企业率先创建国家级绿色矿山。累计治理水土流失面积约 50 万公顷，90% 的沙化土地得到初步治理，湿地保护率提高至 47%。[②]

（三）城镇体系基本成型，空间格局不断优化

改革开放 40 年来，广东的城镇发展变化日新月异，已经初步形成了较为稳定的城镇规模体系，空间发展格局呈现不断优化的趋势。1977 年，广东只有广州、佛山、江门、肇庆、惠州、汕头、湛江、茂名、韶关 9 个城市和 120 个镇，城市化水平为 16.8%（按城镇人口占比算），比全国平均水平还低 0.8%。40 年来，伴随快速的城镇化进程，广东的城市数量也有了较大的变化，由 1978 年的 11 个增长到 2016 年的 41 个（21 个地级市和 20 个县级市）；镇的数量也由 121 个增加到 1 126 个，逐步形成了大中小城市与小城镇协调发展的城镇体系。其中，广州和深圳常住人口超过 1 000 万，成为引领区域发展的超大城市。2016 年，广东城市化水平已达 69.2%，比全国平均水平 57.4% 高出 11.8%，在全国省区排名第一，仅低于京、津、沪 3 个直辖市。

从空间发展格局来看，广东已由改革开放初期的体系松散阶段，发展到趋向集中的城镇群发展阶段。目前，省域城镇发展格局与经济格局呈现相同的“核心—边缘”非均衡空间分布格局。珠江三角洲地区最为发达，

---

① 广东省国土资源厅：《2017 广东省国土资源公报》，见广东省国土资源厅网（http://www.gdlr.gov.cn/gdsgtzyt/_132477/_132501/_134108/1938183/index.html）。

② 广东省国土资源厅：《广东省国土规划（2016—2035 年）》（征求意见稿），见广东省国土资源厅网（http://www.gdlr.gov.cn/gdsgtzyt/_132477/_132501/_134112/1908674/index.html）。

城镇规模大、密度高、城市化水平最高，已形成世界级城市群地域形态，而东西两翼和粤北地区在经济发展、城镇规模和城市化水平以及城市化建设方面与珠江三角洲地区还存在一定差距。进入21世纪以后，广东省推出一系列的举措，积极促进省域空间协调发展，如“大珠江三角洲”与“泛珠江三角洲”概念、“产业转移”“劳动力转移”“三大抓手”、精准扶贫等。如今，粤东西北振兴战略初现成果，交通区位条件明显改善，粤东、粤西和粤北城镇群逐步发育，汕头、揭阳、韶关、茂名、湛江等城市辐射带动能力进一步加强。随着各城市日益密集的人流、物流、资金流、信息流的交换，全省空间结构逐步由“双中心”向多中心、网络化转变，区域不平衡进一步缩小。

（四）人居生活空间不断优化

广东积极推动珠江三角洲地区优化发展、建设世界级城市群和粤东西北地区地级市中心城区扩容提质等重大发展战略，实施省城镇体系规划，构建大中小城市和小城镇良性互动的发展格局，区域、城乡一体化并重，新区开发与旧城改造同步，深入开展宜居城乡（宜居城镇、社区和村庄）创建活动，优化生产、生活、生态空间格局，城镇化质量和水平稳步提升。粤东西北12个地级市中心城区扩容提质成效凸显，首位度不断提升，中心城区建成区面积合计超过1 000平方千米，规划建设质量明显提高。至2015年，全省共有18个国家园林城市、3个国家园林城镇、7个省园林城市、7个省园林城镇，8个国家历史文化名城、16个省级历史文化名城，2 218个省级宜居社区、213个宜居示范城镇、648个宜居示范村庄，深圳市荣获“中国人居环境奖”，26个项目获得“中国人居环境范例奖”、66个项目获得“广东省宜居环境范例奖”。①

① 广东省住房和城乡建设厅：《广东省住房城乡建设工作报告（2015）》，见广东省住房和城乡建设厅网（http://zwgk.gd.gov.cn/006939799/201603/t20160320_648332.html）。

（五）生态空间不断扩大

1. 绿化广东成效显著

改革开放40年来，广东始终把绿化广东工作放在首位。近年来，更是不断深入推进四大重点林业生态工程建设，以森林碳汇、生态景观林带、森林进城围城、乡村绿化美化四大重点林业生态工程为载体，构建北部连绵山体森林生态屏障体系、珠江水系等主要水源地森林生态安全体系、珠江三角洲城市群森林绿地体系、道路林带与绿道网生态体系、沿海防护林生态安全体系等五大森林生态体系。森林面积、森林蓄积量、森林覆盖率基本保持了稳定增长（见图2－1）。2017年，广东森林面积达1 087.9万公顷[①]，森林蓄积量5.83亿立方米，森林覆盖率达59.08%。[②]全省森林公园总数达1 516个，湿地公园总数达224个；省级以上生态公益林达到480.8万公顷，占林业用地的44.03%；[③]广州、惠州、东莞、珠海、肇庆、佛山、江门7市成功创建国家森林城市，深圳、中山、汕头、梅州、茂名加快了创建步伐，潮州、阳江2市的创建国家森林城市工作已获国家林业局备案，这意味着广东省参与国家森林城市建设的城市数量达到了14个，创建国家森林城市热潮已覆盖一半以上的地市。

2. 绿道网络不断优化

广东制定了全国首个区域绿道网总体规划纲要和绿道网建设规划——《珠江三角洲绿道网总体规划纲要》和《广东省绿道网建设总体规划（2011—2015年）》，按照“一年基本建成，两年全部到位，三年成熟完善”的目标，率先规划建设贯通珠江三角洲的省立绿道网。此后，不断优化绿道网络体系，因地制宜推进粤东西北地区绿道网建设，加快开发绿道网综合功能，合理引导绿道“公共目的地”和社区体育公园建设。珠江三

---

① 此数据为截至2016年年末的数据。

② 广东省林业厅：《2017年广东省林业综合统计年报分析报告》，见广东省林业厅网（https://www.gdf.gov.cn/index.php?controller=front&action=view&id=10034624）。

③ 广东省林业厅：《2017年广东省林业综合统计年报分析报告》，见广东省林业厅网（https://www.gdf.gov.cn/index.php?controller=front&action=view&id=10034624）。

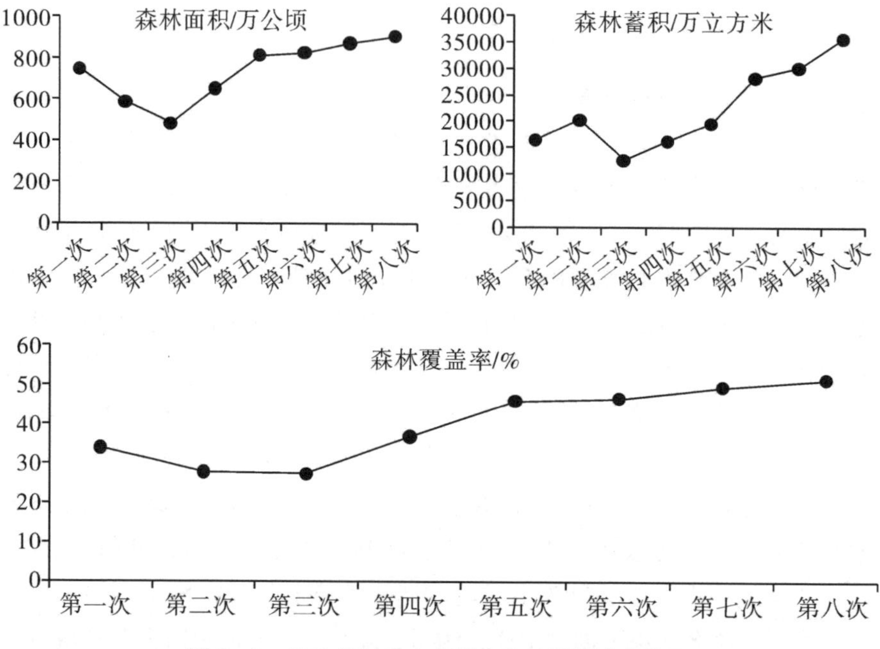

图2-1　1975年以来广东历次森林资源清查结果

数据来源：历次全国森林资源清查结果①。

角洲绿道网连续获得“中国人居范例奖”和“迪拜国际改善环境最佳范例奖”两项殊荣，“广东绿道”品牌全国叫响，被习近平总书记评价为“美丽中国、永续发展的局部细节”。②

3. 自然保护区的综合作用日渐显现，生态屏障作用日益明显

南岭、云开山、莲花山和九连山四大山脉，内陆重要水系、湿地以及沿海主要红树林湿地等生态区位最重要、生物多样性最丰富的地区均已建立自然保护区。截至2017年年末，全省已建立各种类型、不同级别的林

---

① 见中国林业网（http://slzy.forestry.gov.cn/）。

② 广东省住房和城乡建设厅：《广东省住房城乡建设工作报告（2015）》，见广东省住房和城乡建设厅网（http://zwgk.gd.gov.cn/006939799/201603/t20160320_648332.html）。

业系统自然保护区 290 个，总面积 130.2 万公顷，约占全省面积的 7.25%。[①] 基本形成了一个以国家级自然保护区为核心，以省级自然保护区为骨干，以市、县级自然保护区和自然保护小区为通道的，类型较齐全、布局较合理、管理较科学、效益较显著的自然保护区网络体系，有效保护了我省大部分典型自然生态系统和绝大多数珍稀濒危野生动植物物种。

三、广东国土空间开发及格局优化的主要经验

改革开放 40 年来，广东认真贯彻落实中央做出的顶层设计和战略部署，结合本地实际，率先探索，在国土空间开发及格局优化方面积累了许多鲜活的经验。

（一）尊重自然的理念引领国土开发保持正确的方向

理念是行动的先导，一定的发展实践都是由一定的发展理念来引领的。习近平总书记指出："发展理念是战略性、纲领性、引领性的东西，是发展思路、发展方向、发展着力点的集中体现。发展理念搞对了，目标任务就好定了，政策举措也就跟着好定了。"[②]

1. 顺应自然

"自然界是人类社会产生、存在和发展的基础和前提，人类可以通过社会实践活动有目的地利用自然、改造自然，但人类归根到底是自然的一部分，人类不能盲目地凌驾于自然之上，人类的行为方式必须符合自然规律。"[③] 广东在国土开发实践中，始终坚持尊重自然格局，遵循经济社会发展规律，以国家和省的发展战略为引领，根据不同地区的资源环境承载能力、国土空间开发适宜性、开发基础和发展潜力，逐步形成了珠江三角

---

① 广东省林业厅：《2017 年广东省林业综合统计年报分析报告》，见广东省林业厅网（https://www.gdf.gov.cn/index.php?controller=front&action=view&id=10034624）。

② 习近平：《在党的十八届五中全会第二次全体会议上的讲话》，载《求是》2016 年第 1 期。

③ 中共中央宣传部：《习近平新时代中国特色社会主义思想三十讲》，学习出版社 2018 年版，第 243 页。

洲、粤东沿海地区、粤西沿海地区、粤北山区国土功能特色比较鲜明的4大板块格局。

2. **生态优先**

“良好生态环境是人和社会持续发展的根本基础”① “良好生态环境是最公平的公共产品，是最普惠的民生福祉”② “环境就是民生，青山就是美丽，蓝天也是幸福”③。广东在实践中始终坚持“生态优先，坚守底线”的国土开发理念，从“十年绿化广东”，到“生态立省”，到“新一轮绿化广东”，到“率先建设全国绿色生态第一省”，40年坚定不移地保护、拓展广东的生态空间，严守生态保护红线、永久基本农田和城镇开发边界3条控制线。

（二）规划体系的建立为优化国土空间提供了科学支撑

“要按照人口资源环境相均衡、经济社会生态效益相统一原则，整体谋划国土空间开发，科学布局生产空间、生活空间、生态空间，给自然留下更多修复空间。要坚定不移实施主体功能区战略，严格按照优化开发、重点开发、限制开发、禁止开发的主体功能定位，划定并严守生态红线，构建科学合理的城镇化推进格局、农业发展格局、生态安全格局，保障国家和区域生态安全，提高生态服务功能。”④ “构建以空间治理和空间结构优化为主要内容，全国统一、相互衔接、分级管理的空间规划体系，着力解决空间性规划重叠冲突、部门职责交叉重复、地方规划朝令夕改等问题。”⑤

改革开放40年来，广东构建了包括国土规划、主体功能区规划、区

---

① 习近平：《习近平谈治国理政》，外文出版社2014年版，第209页。

② 中共中央文献研究室：《习近平关于全面深化改革论述摘编》，中央文献出版社2014年版，第107页。

③ 《习近平张德江俞正声王岐山分别参加全国两会一些团组审议讨论》，载《人民日报》2015年3月7日第4版。

④ 习近平：《习近平谈治国理政》，外文出版社2014年版，第209页。

⑤ 中共中央宣传部：《习近平新时代中国特色社会主义思想三十讲》，学习出版社2018年版，第250页。

域规划、城镇体系规划、土地利用总体规划等空间规划体系。这些规划构成的空间规划体系对于从总体上协调国土资源开发、利用、治理、保护的关系，协调人口、资源、建设、环境的关系，促进生产力的合理分布和地域经济的综合发展具有重要的作用。

广东在空间规划体系的构建上，特别注重规划间的协调统一。我国的规划种类和内容繁多，既有纵向上国家层级和地方层级的规划，也有横向上不同部门或行业的规划。如果规划之间内容重叠交叉、管理分割、空间规划不一致、技术标准不协调、规划周期不统一，就会导致开发管理上的混乱和建设成本的增加，不能起到空间统筹、优化开发和保护耕地的作用。因此，理顺各项规划之间的关系，是规划能够切实落实、有效实施的关键所在。广东一直不断探索实现规划间的协调统一，2008 年率先在政策层面提出逐步推进“三规合一”的要求，并以河源、云浮、广州为试点在总体规划层面开展了“三规合一”的探索。

广东在空间规划体系的构建上，特别注重科学论证。以主体功能区规划编制为例，广东充分发挥科研机构的专长，深入开展课题研究和专家论证，以资源环境承载力综合评价为基础，科学设计指标，结合定性定量分析，对全省市、县（区）进行综合评价，使主体功能区划分既符合国家《省级主体功能区域划分技术规程》的要求，又切合本省实际。①

（三）体制机制建设促进了土地宏观管理的不断加强

加强土地宏观管理，对土地的开发、利用、治理、保护等进行科学有序地计划、组织、指挥、协调和监督是实现土地资源合理利用和优化配置的前提。改革开放以来，广东审时度势，针对广东经济社会发展中土地利用的现实问题，不断完善体制机制，加强土地宏观管理，以保证土地资源能够得到更好的保护和利用。

早在 1985 年，广东就成立了全国第一个省级土地管理机构——广东

---

① 朱小丹：《广东探索主体功能区建设新路子》，载《行政管理改革》2011 年第 4 期，第 27 页。

省国土厅，随后市、县、乡镇的土地管理和职能也逐步得到了加强和完善，有力地促进了对土地开放利用的有效管理和调控。在土地宏观管理的实践中，广东立足当下、前瞻未来，不断改革土地管理方式，创新土地管理机制，为广东的经济社会可持续发展提供了强有力的土地支撑。

1. 编制土地利用总体规划

土地利用总体规划是加强土地宏观管理和用途管制的重要依据，对强化耕地资源保护，促进土地节约集约利用，具有十分重要的作用。在全国的统一部署下，广东共开展了3轮土地利用总体规划的编制与实施，并以此作为管理土地的依据，认真地贯彻执行。

2. 不断完善耕地保护机制

广东制定了《广东省基本农田保护区管理条例》，在国内率先经省人大立法划定基本农田保护区；建立了耕地保护责任机制，在全国率先将"耕地保有量"纳入地方领导干部政绩考核和离任审计内容；建立了耕地保护补偿机制，在全国率先建立全省范围内的基本农田保护经济补偿制度；建立了耕地开发补充机制，大力开展未利用地、低效园地、山坡地开发补充耕地工作。

3. 积极开展土地管理制度改革

在原国土资源部的大力支持下，广东在全国节约集约利用土地试点示范省建设框架内开展了形式多样、各具特色的土地管理制度改革试点工作。广州市围绕规划编制、用地审批、权益保护、土地监管等方面开展城乡统筹土地管理制度创新试点工作，在城乡一体的新型城市化道路方面进行有益探索；深圳市围绕产权制度、市场配置、资本运作、集约利用、监管调控、区域统筹、法治环境等方面开展土地管理制度改革，探索建立高度城市化地区土地利用管理新模式；佛山市围绕征地程序、补偿标准、安置方式等方面开展征地制度改革试点，探索建立更加合理的征地补偿安置机制。①

---

① 许史兴、袁学东、祝桂峰：《广东推进节约集约用地试点示范省建设成效显著》，载《南方日报》2013年6月17日A8版。

（四）政策创新为国土空间优化提供了机制保障

1. 创新政绩考核评价办法

2008 年 6 月，广东出台了《广东省市厅级党政领导班子和领导干部落实科学发展观评价指标体系及考核评价试行办法》，将全省 21 个地级以上市划分为都市发展区、优化发展区、重点发展区和生态发展区 4 个区域类型，对不同区域提出不同的发展要求和考核评价指标。

2. 完善财政转移支付政策

广东出台了《关于调整完善激励型财政机制意见》，根据主体功能区规划，实施差异化的财政激励机制，增加对生态发展区域市县一般性财政转移支付，同时建立生态激励型财政机制，转移支付与县域生态环境挂钩，确保财政转移支付向生态发展区倾斜。

3. 实施差别化的环境保护政策

广东在生态保护上将全省划分为严格控制区、有限开发区和集约利用区，制定不同的生态分级管理标准。分区制定产业准入制度，对不符合产业政策、不符合重要生态功能区要求、达不到排放标准和总量控制目标的项目，一律不予批准。

第三章　广东的资源能源利用

习近平总书记指出，“能源安全是关系国家经济社会发展的全局性、战略性问题，对国家繁荣发展、人民生活改善、社会长治久安至关重要。面对能源供需格局新变化、国际能源发展新趋势，保障国家能源安全，必须推动能源生产和消费革命”①。广东是常规能源资源相对短缺的省份，全省人均拥有资源储量不足30吨，不到全国人均储量的1/20，并且远离全国主要煤炭石油工业产地，能源需求量大，对外依赖度高。改革开放40年来，广东经济发展创造出的巨大成就即是立足于资源能源短缺、能源缺口严重的现实。为应对这种“先天不足”，广东在全国较早致力于资源节约集约利用和提升能源效率，能源使用效率位居全国第二；大力发展新能源和可再生能源，能源结构清洁化趋势明显，创造了资源小省孕育经济大省的辉煌成就。

一、资源约束下的高速发展之路

广东是全国经济大省、人口大省和能源消费大省，但是，广东能源供给不足，需求缺口大，资源能源利用与经济发展之间的矛盾长期存在。改革开放40年来，广东能源资源利用总体上经历了早期粗放式发展阶段、资源能源不断提升阶段和资源能源全面绿色化阶段，能源效率不断提升，清洁能源和可再生能源的使用规模不断扩大。

---

① 新华社：《推动能源生产和消费革命》，载《人民日报（海外版）》2014年6月14日第1版。

（一）1978—1991 年：资源能源粗放利用阶段

改革开放初期，广东快速的经济发展产生了对资源能源的巨大需求，无序开发和低效使用不仅给广东的资源能源带来了巨大的压力，还导致了严重的环境污染和生态破坏问题，成为经济社会发展必须直面的重大挑战。

这一时期，广东经济增长主要依托能源资源等要素投入拉动，经济发展方式粗放，资源能源使用效率较低。一是土地资源压力巨大。随着耕地面积减少和人口总量增加，广东人均耕地面积与全国平均水平差距日益增大。二是水资源问题开始凸显。随着工业化的快速推进和人口的快速增长，广东水资源利用呈现如下态势：农业用水不断减少，生活用水持续增加，工业用水量总体持续上升。1980 年，广东农业、工业、生活用水构成分别为：87.6%、4.7%、7.7%，随着耕地面积减少及灌溉技术水平的提高，农业用水总量及比重都相应减少，到 1990 年，农业用水量 275 亿立方米，占总用水量 75.7%。工业用水和生活用水则随着广东工业化进程和城镇化水平提高而不断上升，1990 年，工业用水和生活用水分别为 50 亿立方米和 39 亿立方米，比重分别为 13.7% 和 10.6%。三是各种能源消费迅速增长。广东工业用能和用电量都呈现持续上升态势，能源消费结构以煤炭为主，具有更高燃烧效率的油类和液化石油气贡献率有所上升。

随着经济规模的快速扩张，能源资源约束趋紧的态势逐步显现，广东很快意识到节约集约使用资源能源的重要性。1989 年 2 月颁布实施《广东省能源利用监测管理办法》，提出设立省、市能源利用监测中心，对制定全省能源利用监测规划和年度工作计划，监测规范、标准和测试方法等做出了全面部署，为未来广东转向效率驱动提供了体制机制保障。

但是，总体来看，这一时期支撑经济增长主要依托资源能源投入的扩张，资源能源的无约束、粗放地使用是这一时期的典型特征。尽管在这一时期广东已开始关注资源能源节约集约高效利用，但尚未形成系统性、有约束力的管制体系。

（二）1992—2012 年：资源能源效率提升阶段

“十五”之后，党中央、国务院提出建设资源节约型、环境友好型社会的新目标和新举措，资源能源节约集约高效利用上升为国家战略。在这一时期，广东按照国家相关部署，大力推动能源资源高效利用，《广东省节能中长期专项规划》《广东省建设节约集约用地试点示范省工作方案》《广东省“十一五”节水型社会建设规划》《广东省资源综合利用管理办法》等重大规划和政策相继在这一时期颁布实施，吹响了向效率要空间的号角。主要的工作体现在以下方面。

一是加快推进节水型城市建设。1995 年，广东颁布实施了《广东省取水许可制度与水资源费征收管理办法》，对各类用水主体的取水许可证的申办程序以及水资源费征收、使用和管理等做出了明确规定。1996 年 4 月颁布实施了《广东省海域使用管理规定》，对各级人民政府海域使用综合管理的职能、使用海域的单位或个人的报批程序、重点保护的海域等做出了明确要求。2001 年，广东省城市每日人均综合用水量达 379 升，远高于全国城市每日人均综合用水量 218 升的平均水平。于是广东严格控制高耗水、高排污型工业项目建设和农业粗放型用水，省政府要求各地限期完成对高耗水、高排污用水大户的技术改造；大力推广“节水型住宅”，鼓励居民家庭使用节水型器具，还采取经济手段，实施居民生活用水阶梯式计量水价，控制各类用水量的不合理增长。为加强用水定额管理，优化产业结构，促进节约用水，2007 年 3 月，广东省颁布试行《广东省用水定额（试行）》，从生活用水、农业、工业三大领域推进节约用水，节水型社会建设迈出实质性步伐。2008 年 8 月，广东开始实施《广东省东江流域水资源分配方案》，对流域各地市的用水施加了硬约束，从而引发了各地的节水革命。2004—2009 年，广东省人均综合用水量和万元 GDP 的耗水量连续 6 年呈大幅下降态势，2009 年万元 GDP 的耗水量是 2004 年的 41%。

二是大力推进节约集约用地试点示范省工作。2008 年 12 月，广东省政府与国土资源部共同签署《国土资源部广东省人民政府关于共同建设节

约集约用地试点示范省的合作协议》，国土资源部在开展国土资源领域相关改革时将广东省列为先行先试地区，并给予广东政策指导。此外，广东还进一步完善耕地保护责任目标体系和保障措施，积极开展土地管理制度改革，探索土地合理利用新机制，开展土地标准体系建设，建立健全土地管理共同责任，探索土地管理新经验。2009 年，省政府下发《广东省建设节约集约用地试点示范省工作方案》，从加强国土空间开发的规划计划管控，深化旧城镇、旧厂房、旧村庄改造探索与创新，健全节约集约用地标准控制制度等方面明确了节约集约用地试点示范省工作的主要任务。

三是大力推动技术节能，能源使用效率位居全国前列。“十一五”期间，广东通过淘汰落后产能，系统推进节能改造项目，促进了全省资源能源使用效率的不断提升，以效率提升来弥补总量不足的劣势。广东单位 GDP 能耗在“十一五”期间从 0. 794 吨标准煤/万元下降到 0. 664 吨标准煤/万元，累计下降 16. 4%，其中单位工业增加值能耗下降 30. 3%、单位 GDP 电耗下降 15. 9%，六大高耗能行业单位工业增加值能耗下降超过 26%。“十一五”末，广东单位 GDP 能耗仅为全国水平的 65%，仅次于北京市，位居全国第二低位；单位工业增加值能耗 0. 753 吨标准煤/万元，为全国最低值；单位 GDP 电耗 1 002. 36 千瓦时/万元，处于全国领先地位。

在这个阶段，效率提升成为广东以资源小省铸就经济大省的重要“功臣”。2000 年以后，尽管经济规模扩张仍然依赖资源能源总量投入的不断增长，但“量”的投入已经不是广东经济增长的唯一驱动力。土地资源的节约集约高效利用在一定程度上缓解了珠江三角洲部分地区用地指标短缺的困境，为这些地区创造了更为广阔的物理空间，为广东步入创新发展阶段提供了强大依托。能源使用效率提升在相当程度上弥补了广东能源供给不足的劣势，在很大程度上减缓了经济规模扩张带来的能源消费和污染物排放增长，成为广东节能减排的主要驱动力。

（三）2013—2018 年：资源能源加速绿色化阶段

习近平总书记指出，要立足国内多元供应保安全，大力推进煤炭清洁高效利用，着力发展非煤能源，形成煤、油、气、核、新能源、可再生能源多轮驱动的能源供应体系。[①] 大力发展新能源和可再生能源也是广东破解能源供给不足、推动能源绿色化和清洁化的根本途径。“十一五”期间，广东就已经在淘汰小火电等落后产能，对煤炭消费实施控制的同时，加强对天然气和核能等清洁能源的开发利用，清洁能源总量大幅增长，占比明显上升。进入“十二五”，广东全力推进产业转型和能源结构调整，能源消费结构呈现明显绿色化。

“十一五”期间，广东清洁能源的利用得到前所未有的重视和发展。2010年，广东风电装机容量达62.2万千瓦，比2005年增长6.5倍；水电总装机容量达810.04万千瓦，比2005年增长22.1%；核电装机容量达503.4万千瓦，比2005年增长33.2%。天然气消费量由2005年的2.49亿立方米上升为2010年的95.71亿立方米，增长37.4倍；水电、风电和核电等发电量达611.71亿千瓦时，比2005年增长19%，年均增长3.54%。广东在大力发展水电、风电、沼气等开发技术较为成熟的可再生能源品种的同时，积极推进太阳能利用、生物质能利用等试点，可再生能源开发利用呈现良好发展局面。在这一时期，全省建成沼气池40.48万个，年产沼气1.82亿立方米。光伏产业也悄然起步，至2009年年底，太阳能光伏发电装机容量0.2万千瓦，光热利用面积300万平方米，分别占全国1.3%和2.4%；太阳能产业产值占全国的7%。

进入“十二五”，广东产业和能源结构持续优化，特别是清洁能源使用规模和占比达到前所未有的高度。从产业结构角度看，三种产业中耗能相对较大的工业，占比从2012年的44.4%下降到2016年的39.7%；高耗能行业能源消费量占规模以上工业比重由2012年的76.6%下降到2016年的75.6%。高炉煤气、转炉煤气和余热余压的回收利用得到长足发展，2016年全省规模以上工业能源回收利用量比2012年增长57.7%；废弃资源的综合利用水平逐步提升，2016年全省规模以上工业废弃资源综合利

---

① 参见吴新雄《积极推动能源生产和消费革命（深入学习贯彻习近平同志系列重要讲话精神）》，载《人民日报海外版》2014年8月28日第7版。

用业增加值比2012年增长了55.5%。[①] 能源消费结构同样发生深刻变化，2016年广东非化石能源占一次能源消费总量的比重达到了22.2%[②]，在这一时期，具有稳定用电负荷、连片屋顶资源的产业转移工业园分布式光伏发电获得规模化应用；抽水蓄能电站建设和近海风电建设稳步推进。

面向“十三五”，广东提出到2020年非化石能源消费比重达到26%，煤炭消费降至1.75亿吨，天然气消费达到280亿立方米；电源结构进一步优化，省内电源装机容量1.3亿千瓦，其中抽水蓄能发电装机规模约728万千瓦，风电装机规模达到800万千瓦。可以预期，非化石能源将在未来获得更大规模的使用，能源结构优化也将在未来较长一段时期内成为广东节能减排的主要驱动力。

表3-1 广东“十三五”能源结构优化目标[③]

类　　别	2015年	2020年
一、能源消费结构		
煤炭	40.5%	36.9%
石油	24.6%	21.1%
燃气	8.3%	12%
其他	26.6%	30%
其中：非化石能源占能源消费比例	20%	25%
二、清洁能源发电装机（单位：万千瓦）		
气电	1 427	2 200
核电	829	1 600

① 广东省统计局：《党的十八大以来广东绿色发展有效推进》，见广东统计信息网（http://www.gdstats.gov.cn/tjzl/tjkx/201709/t20170928_374048.html）。

② 广东省统计局：《党的十八大以来广东绿色发展有效推进》，见广东统计信息网（http://www.gdstats.gov.cn/tjzl../tjkx/201709/t20170928_374048.html）。

③ 广东发展和改革委员会：《广东省节能减排“十三五”规划》，见广东发展和改革委员会网（http://www.gddrc.gov.cn/ztzl/sswgh/201702/t20170207_423488.shtml）。

(续表3-1)

类　　别	2015年	2020年
抽水蓄能	512	728
风电	246	800
光伏	85	600
其他	81	120

总体来看，大力发展新能源和可再生能源，促进能源结构优化调整是这一时期的主要特征。尽管效率提升仍然是这一时期广东经济增长的重要动力，但日益增强的资源、能源硬约束，以及前所未有的环境规制力度决定了必须大力推动生产投入端的清洁化，持续促进清洁能源和可再生能源使用规模和比重的提升，以寻求从根本上解决资源能源短缺和环境污染问题。

党的十九大报告指出，要推进能源生产和消费革命，构建清洁低碳、安全高效的能源体系。在当前及今后一段时期，广东人均GDP跨过1万美元大关，较高的收入水平使广东在促进能源结构优化过程中拥有公众对更高环境品质需求的社会基础，从而获得更加充足的资金、人才和技术资源，也使各类市场主体在一定程度上可以接受能源变革带来的短期成本上升的压力，为构建清洁低碳、安全高效的能源体系提供了坚实基础。

二、广东节约集约利用资源能源的主要成就

党的十九大报告提出，要推进资源全面节约和循环利用，实施国家节水行动，降低能耗、物耗，实现生产系统和生活系统循环链接。改革开放40年来，广东在统筹能源利用总量、促进能源发展转型升级、驱动能源效率提升、推动能源技术革命、加强能源基础设施建设、促进土地与水资源的集约高效使用等方面取得了长足成效，为广东经济社会可持续发展提供了强大动力。广东资源能源发展历经粗放到集约、灰色到绿色的转变过程，不仅得益于尊重自然、以人为本、永续发展等理念的不断积淀，也与

广东省委、省政府一直以来对广东资源能源利用工作的重视密不可分。

（一）能源利用效率持续提升

习近平总书记指出：要立足我国国情，紧跟国际能源技术革命新趋势，以绿色低碳为方向，分类推动技术创新、产业创新、商业模式创新，并同其他领域高新技术紧密结合，把能源技术及其关联产业培育成带动我国产业升级的新增长点。[①] 改革开放的40年，是见证广东经济腾飞和科技飞跃的40年，是广东风雨兼程不断提升用能效率的40年，也是广东持续推进能源技术革命的40年。近10年来，广东能源消费总量和能源强度变化呈现“X”形走势，即随着能源消费总量的不断提升，广东能源消费强度呈现出不断下降的态势（见图3－1）。

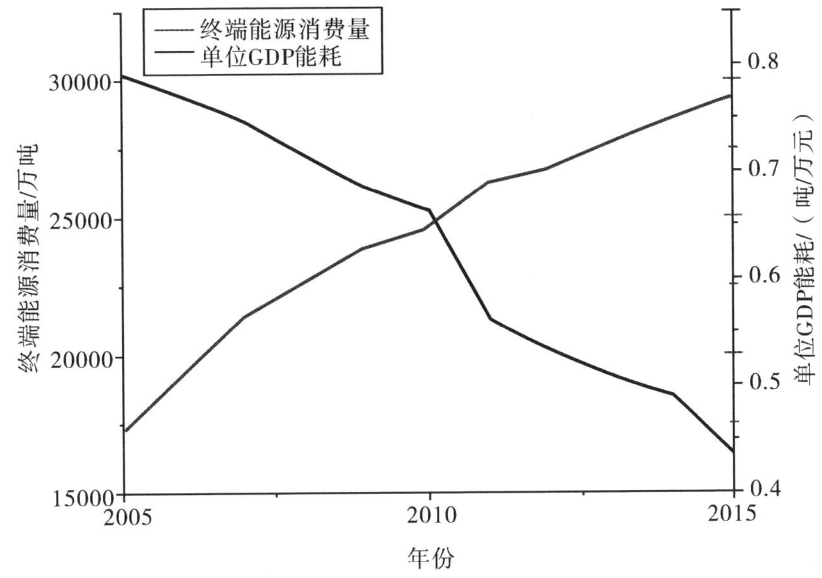

图3－1　近10年广东能源消费总量和能源消费强度变化情况

① 吴新雄：《积极推动能源生产和消费革命（深入学习贯彻习近平同志系列重要讲话精神）》，载《人民日报（海外版）》2014年8月28日第7版。

自20世纪80年代以来，广东能源消费增长率总体低于GDP增速。其中，2003—2005年的能源消费弹性系数超过数值1（见图3－2），显示出广东工业化、城镇化进行加快导致其对能源需求量的上涨。广东能源消费弹性系数整体呈现先升后降的态势，说明广东能源技术创新的进步，用能效率持续改善。广东作为单位GDP能耗全国第二低位的省份，服务业比重与能源利用效率均高于相近发展水平省份。在“十一五”期间，广东单位GDP能源消耗下降了16%，能源使用效率提高的主要动力来自第二产业能源利用效率的提高，其中工业重点行业能源利用效率提高是总体能源强度下降的主要原因。①

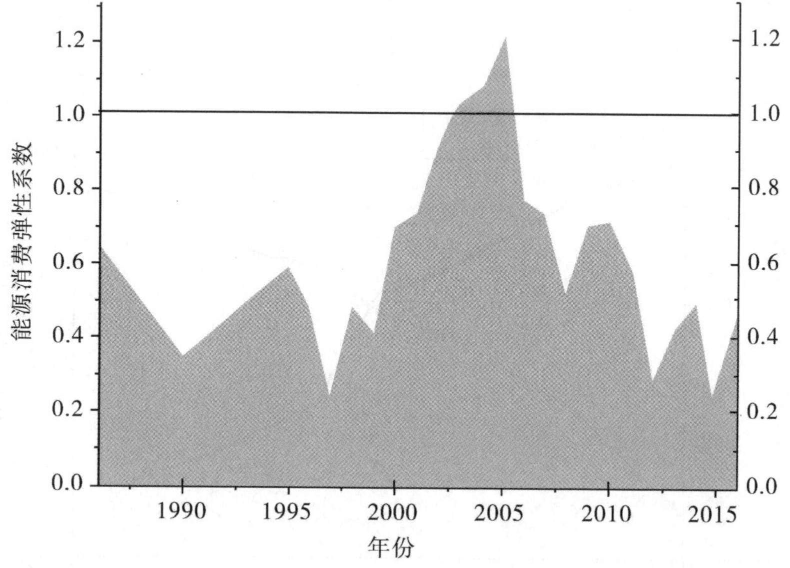

图3－2　广东历年能源消费弹性系数变化

数据来源：《广东统计年鉴2017》②。

① 参见覃梓盛《广东能源供需现状与能源结构调整的对策——2008年广东能源经济面临的新形势分析》，载《广东经济》2008年第10期，第29－34页。

② 广东省统计局、国家统计局广东调查总队：《广东统计年鉴2017》，中国统计出版社2017年版。

广东一次能源加工转化效率优化也是促进广东用能效率快速提升的一大动力源泉，能源结构向优质化方向转变在其能源效率的提高中发挥了关键作用。[①] 能源技术创新以热电联产、集中供热、工业炉改造及余热利用、城市煤气及放散气回收、节能建筑物为重点，煤炭、电力等不同能源品种在能源边际效率方面存在明显差别：2016 年广东火力发电的能源加工转化效率为 40.78%，较 1990 年提高了 9.65%；炼油能源年平均加工转化效率为 98.89%，处于该领域领先地位；供热、炼焦能源加工转化效率在平稳中有所提升，自 1990—2016 年分别从 79.21%、93.48% 提升到了 83.32%、97.91%，整体处于较高加工转化效率水平（见图 3 -3）。

改革开放 40 年来，广东始终贯彻绿色发展理念，以此为降低能耗提供强大动力；坚持转变经济增长方式，以此为提高用能效率创造积极有利条件；坚持科技创新和技术进步，以此为推动能源技术革命提供全新的手段。特别是"十一五"期间，在冶金、建材、化工等重点耗能行业，广东组织实施了一批节能及资源综合利用示范工程，重点开展蓄热式加热炉、干法熄焦、大型铝电解槽、大型循环流化床锅炉和水煤浆代油燃烧等节能技术创新，取得了重大突破，并在相关行业得到推广，对带动传统产业技术升级和提高节能水平起到了示范引领作用。

1. 能源技术推广应用更加广泛

截至 2016 年，广东省 778 家节能技术推广服务企业已全面纳入《广东省节能技术推广服务企业名录》，覆盖率达 99% 以上。能源技术的推广应用需要良好的产业经济基础、制度基础以及富有效率的市场模式等，广东不断深入解决能源技术与产业发展重大问题，将能源科技创新发展战略列入《广东省国民经济和社会发展第十二个五年规划纲要》（2011）与《广东国家低碳省试点工作要点》（2011—2015）等规划纲要和工作要点中，并按能源领域划分，制定出台了相关的具体实施意见，例如《关于促进我省风电发展的意见》（2001）、《广东省太阳能光伏发电发展规划

---

① 余甫功：《能源结构变化对能源效率作用研究——以广东为案例》，载《广西社会科学》2008 年第 2 期，第 65 -71 页。

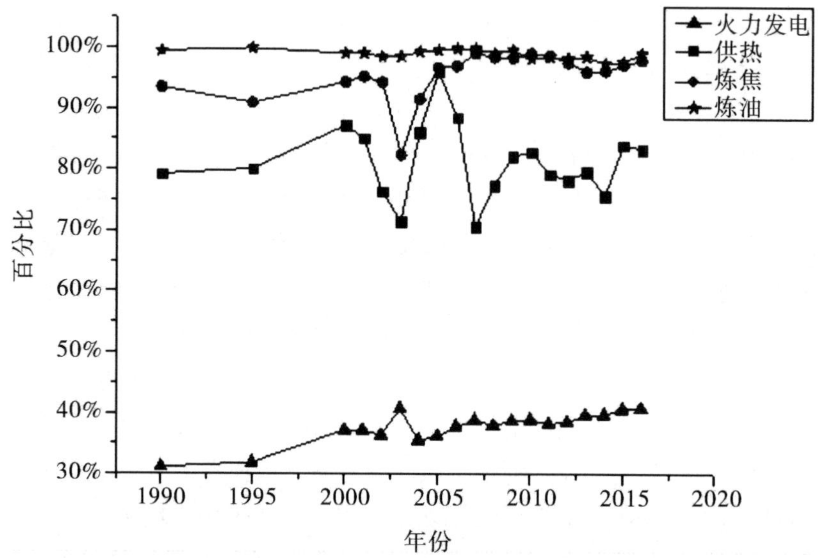

图 3－3　广东各行业历年能源加工转换效率

数据来源：《广东统计年鉴 2017》①。

（2014—2020 年）》（2014）、《关于进一步加强和规范我省陆上风电开发建设管理的意见》（2014）、《加快省产业转移工业园分布式光伏发电推广应用工作实施方案》（2015）、《广东省发展改革委关于印发 2016 年广东省风电开发建设方案的通知》（2016）等，这些战略规划、工作方案等为加强清洁能源等先进技术的引导和成熟技术的推广应用创造出扎实的制度基础条件。

在市场机制方面，广东紧紧围绕能源科技管理模式创新，建立了“政—产—学—研”四位一体的市场创新机制，让企业成为技术创新、研发投入和成果转化的主体。自“十一五”开始，广东逐步降低了能源新技

---

① 广东省统计局、国家统计局广东调查总队：《广东统计年鉴 2017》，中国统计出版社 2017 年版。

术的市场准入门槛，并以成品油质量升级国家专项行动为重点，在油气开采及转化、清洁燃煤发电、新能源发电及并网、第三代核电等领域应用推广了一批技术成熟、有市场需求、经济合理的技术；另外，广东通过对省级重点工程技术装备质量的检测和评定，监督并提升省级重点工程建设和运行质量，并适时组织开展一系列评审论证、表彰奖励等工作，不断完善能源技术评定奖惩机制，科学保障能源技术推广应用的安全性和有效性，有效提高了市场主体应用能源新产品、新技术的积极性，逐步形成了有利于能源技术创新发展的市场环境。

在产业基础方面，广东持续不断调整优化工业行业结构，支持重点行业的节能技术提升，进一步提高产业能源技术的横向推广。

2. 能源技术产业化更加凸显

改革开放以来，广东在煤炭深加工，清洁燃煤发电、储能，高效太阳能，海上风电，能源互联网，先进反应堆型等重点领域率先推进了一批采用自主化先进能源科技和装备的示范工程。截至2017年年底，广东共有各类经济技术开发区132个，其中能源技术产业开发区共有11个①，以能源技术开发区为载体，进行先行先试鼓励、技术创新支持和应用条件探讨等，逐步凸显能源技术产业化优势，进一步提升装备国产化水平。

在能源技术产业化布局上，广东积极践行我国能源安全发展的“四个革命、一个合作”战略思想。制度上，根据《广东省能源科技重大示范工程管理办法》等文件的要求，广东省委、省政府从能源科技改革出发，兼顾企业利益，积极落实相关重大能源依托工程，同时建立多元化投融资渠道，对批准立项的示范工程项目给予了资金和政策支持，把能源技术及其关联产业培育成新的增长点。总体上看，广东能源科技发展战略结合了全国能源行业产业升级需要，以绿色低碳为方向，稳步推进重大技术研究和重大技术装备项目，切实把示范项目作为实现技术国产化、知识产权自主

---

① 参见国家发展改革委、科技部、国土资源部、住房城乡建设部、商务部、海关总署《中国开发区审核公告目录》（2018年版），见中华人民共和国国家发展和改革委员会网（http://www.ndrc.gov.cn/gzdt/201803/t20180302_878800.html）。

化和提高市场竞争力的标杆，全面带动产业升级。

3. 能源技术开发更加多元

改革开放40年来，广东依托科研院所优势创新单元，共同组建洁净能源省级实验室、省级粤东西部能源研究院等重大科技创新平台，在核电重大技术、新能源技术、非常规油气勘探开发技术、先进燃气轮机技术等领域设立科技计划重大专项，以市场引导技术创新，全面提升研究成果快速转化，充分保护创新价值，大幅提高资源配置效率，提高人才、资本、技术和知识流动效率，持续推进创新能力建设，基本形成高效的能源科技创新体系。

能源技术开发，人才是关键，广东众多高校持续不断为能源技术开发提供人才保障。能源技术开发，市场是保障，广东在能源领域充分依托大型重点能源企业、科研院所和高等学校，在发挥各自优势的基础上，联合组建了一批“产—学—研—用”一体的研发基地作为联合创新平台，以技术研发协同创新体制机制为保障，集中攻关了一批前景广阔的技术，并且实现了后期的科技创新成果转化应用。能源技术开发，平台是基础，广东最大限度实现各类资源的有效集成、最优配置和充分利用，重点解决关键技术、核心装备问题，将其建成核心技术研究中心、工程化应用中心、高层次人才培养基地，成为能源技术革命中的重要攻坚力量。

4. 工业能源效率逐步提升

2012—2015年，广东共完成1 214万千瓦电机的改造任务，在全社会能源节约、碳减排以及企业转型升级等方面取得了巨大的效益。截至2015年年底，全省实现了电机能效提升1 214万千瓦，其中改造注塑机和挤出机共13 689台、40万千瓦，高效电机推广、低效电机淘汰和电机节能改造（含电机直接更新及电机系统改造）三部分已按期并超额完成计划任务。预计到2020年，广东电力、原油加工、乙烯、钢铁、铅冶炼、铝加工、水泥、平板玻璃和造纸等行业单位产品综合能耗分别在2015年基

础上下降3%、4%、4%、5%、10%、11%、3%、8%和5%。[①] 长期以来，国内在用的电动机中，绝大多数为能效水平较低的中小型三相异步电动机，设备整体能效水平远落后于发达国家[②]，存在较大的提升空间。为尽快弥补这一短板，2013年，广东颁布了《广东省电机能效提升(2013—2015年)》《注塑机节能改造工作实施方案》，对推广高效电机、淘汰低效电机、实施电机系统节能技术改造等做出了具体部署。2015年3月，广东又发布了《广东省工业转型升级攻坚战三年行动计划（2015—2017年)》，将电机能效提升作为重点工作，在原计划（2013—2015年）的基础上延续至2017年。[③]

5. 能源国际合作更加深化

广东是我国能源进出口消费较高的地区之一[④]，部分出口行业能耗较高，能源生产与消费缺口大，能源消费弹性系数高。[⑤] 为此，改革开放40年来，广东通过不断加强与优势国家和地区在先进核能、高效储能、高比例可再生能源消纳、非常规油气开发、先进能源材料、碳捕集封存利用、燃气轮机等领域的深入合作，迅速提升广东在能源领域的技术水平。2015年3月，广东省人民政府与BP集团在北京签署《战略合作协议》，根据协议，双方将致力于在加快深化广东能源产业的发展、优化广东能源结构、提高能源效率和清洁利用以及提高广东能源市场开放程度等多个方面进行广泛深入的合作。此外，广东省委、省政府还紧密结合国家战略，配合有关部门完善能源装备、部件、材料相关政策，促进国外先进能源技术

---

① 广东省发展和改革委员会：《广东省节能减排“十三五”规划》，见广东省发展和改革委员会网（http://www.gddrc.gov.cn/zwgk/ghjh/fzgh/201702/t20170207_423488.shtml）。

② 董振斌、刘憬奇：《中国工业电机系统节能现状与展望》，载《电力需求侧管理》2016年第3期，第1-4页。

③ 梁喆、张益民：《广东省电机能效提升工作实践》，载《能源研究与利用》2016年第6期，第44-47页。

④ 陈景辉：《从日本能源对策看广东能源结构调整》，载《新经济杂志》2008年第7期，第69-71页。

⑤ 国家能源局：《能源技术创新十三五规划》，见国家能源局网（http://zfxxgk.nea.gov.cn/auto83/201701/t20170113_2490.htm）。

和装备的引进、消化、吸收，实现了知识产权自主化，进一步提升广东本土国产化水平和市场竞争力。同时，广东建立了能源装备出口服务机制，依托我国在新能源、大型水电、输配电、煤炭深加工、清洁燃煤发电等领域的优势地位，以及重大工程建设和政府合作平台，推动实现广东能源技术走出去。未来，广东将利用“一带一路”沿线国家和地区的资源优势进行能源技术领域务实合作，培育有全球影响力的先进能源装备制造基地，锻造出有国际竞争力的能源工程人才队伍。

（二）能源结构不断优化

在全国各省份中，广东是一个能源资源常规短缺的省份。全省人均拥有资源储量不足30吨，不到全国人均储量的5%，并且远离我国煤炭石油工业产地。[①] 面对这种局面，广东一方面控制用能总量，一方面大力发展清洁和可再生能源，促进能源结构清洁化。核电、风电、太阳能、天然气等清洁能源从无到有，使用规模逐步扩大，使广东逐渐摆脱了能源资源利用单一的劣势。在重视水电、风电、农村沼气等开发技术较为成熟的可再生能源品种发展的同时，广东积极推进太阳能利用、生物质能利用等试点，制订和实施节能专项规划和标准，建立节能专项基金[②]，可再生能源开发利用呈现良好发展局面，为广东补齐资源能源短缺短板，为能源供给多元化和能源结构清洁化提供有效路径。

2017年，广东实现GDP 89 879.23亿元，连续29年位列全国第一，经济规模的持续扩张，快速的城镇化进程促使广东能源消费总量持续攀升。工业、交通运输与居民生活用能是广东终端能源消费的主体，油制品、电力、原煤是主要的用能品种。[③] 1990—2007年，广东终端能源消费总量从3 936.44万吨标准煤增长到26 763.9万吨标准煤，年平均增长率

---

① 黄何、曾乐民：《广东能源资源报告》，载《广东科技》2002年第9期，第10–15页。

② 左连村、蔡霜：《实施可持续能源发展战略 促进广东经济可持续发展》，载《广州城市职业学院学报》2009年第3期，第65–70页。

③ 杨蕾：《基于能流图的广东能源供应安全分析》，载《生态经济》2013年第5期，第86–91页。

为9.16%，该阶段处于整体耗能较高水平；2008—2015年广东终端能源消费总量从22 671.76万吨标准煤增长为29 386.66万吨标准煤，年平均增长率下降到4.8%，增长速度明显放缓；到2016年年底，广东终端能源消费总量为30 729.9万吨标准煤，较前一年增长3.6%，用能总量进一步得到控制（见图3-4）。可以看到，改革开放以来能源总量控制的发展历程锻造出了广东更高效、更绿色的经济发展形态，通过合理控制能源使用总量和优化能源使用结构来实现经济社会可持续发展，主要成效体现在以下几个方面。

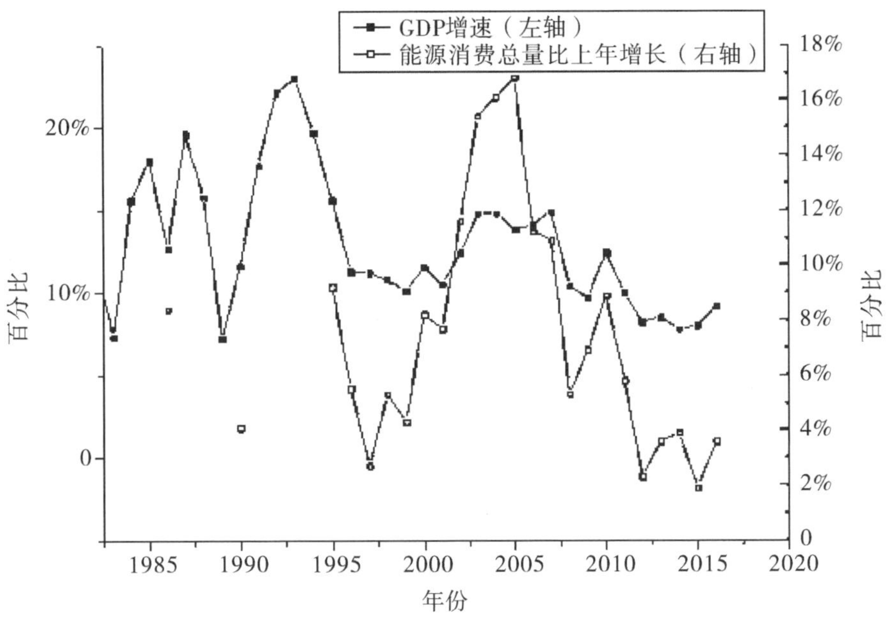

图3-4　广东GDP增速与用能总量增长率比较

数据来源：相关年份《广东统计年鉴》。

1. 传统能源使用规模显著降低

1990—2015年，广东原煤消费总量占比从33.6%下降到10%，油品消费总量占比从22.4%下降到16.8%；到2016年年底，原煤和油品消费总量占比仅为终端能源消费总量的9.8%和14.5%，原煤和油品等传统能源消费总量实现了有效控制（见图3－5）。通过淘汰原煤等落后产能，促进能源结构清洁化，以电力、石化、钢铁、水泥、陶瓷、玻璃、造纸等高耗能行业为重点，引导企业（单位）开展技术改造，充分发挥市场机制的倒逼作用，综合运用了差别电价、惩罚性电价、阶梯电价、信贷投放等经济手段，推动落后产能主动退出市场；同时，政府严格执行环保、安全、质量、能耗等法律法规，对达不到要求的企业责令整改，对整改仍不达标的企业依法关停退出。

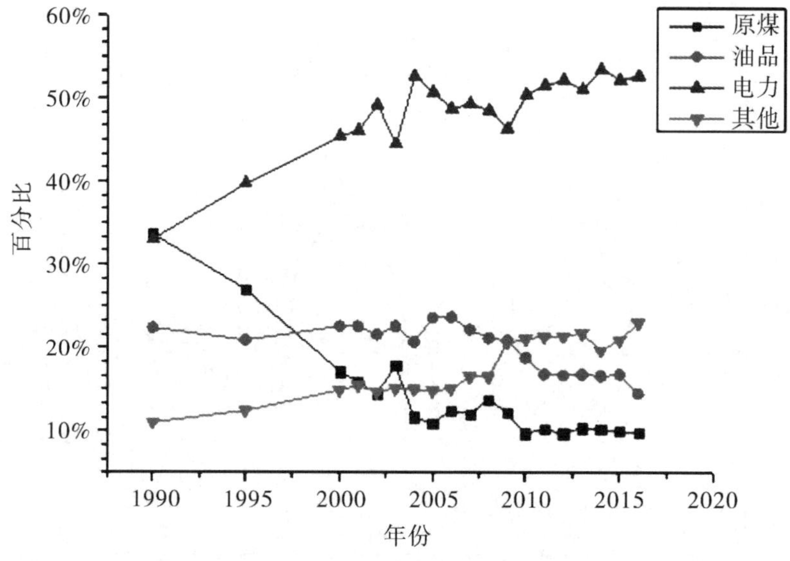

图3－5　广东终端能源消费构成

数据来源：《广东统计年鉴2017》①。

2. 支撑能源结构优化的产业格局日益形成

按照优先发展现代服务业、提升发展现代制造业、重点发展战略性新兴产业、改造提升传统优势产业的总体思路，广东逐步提高第三产业、高

① 广东省统计局、国家统计局广东调查总队：《广东统计年鉴2017》，中国统计出版社2017年版。

附加值产业、绿色低碳产业比重，进一步提升现代服务业在经济中的比重，减轻对资源消耗的依赖和污染排放的压力。[①] 在顶层设计上，广东相继出台了鼓励发展现代服务业和战略性新兴产业政策措施，结合运用高新技术、先进适用技术和现代管理技术改造提升传统制造业的思路，不断推动着传统制造业加快向产品研发、设计、营销等附加值高的产业链环节延伸，同时也促进了低能耗产业和清洁能源的多元化发展。广东持续不断推进产业结构优化升级、加速加快发展服务业、着力优化工业与服务业的内部结构，发展资本技术型工业、知识技术型服务业、消费资料型服务业与公共服务业，使其成为促进能源产业结构布局优化的重要抓手。[②]

3. 非化石能源利用规模显著扩大

2017 年，广东非化石能源电量占全社会用电量比例约 43.5%，全年共计消纳清洁能源电量约 2 592 亿千瓦时，按等量替代煤电，相当于节省标准煤约 7 814 万吨，减排二氧化碳约 20 793 万吨。[③] 作为全国光伏发电的先行者，广东率先探索光伏发电的示范应用。2004 年在深圳建成了当时亚洲装机规模最大的 1 兆瓦并网屋顶光伏发电示范系统，到 2013 年，全省建成光伏发电装机容量约 300 兆瓦，占全国光伏发电装机容量的 2%。到 2016 年年底，全省光热利用面积约 980 万平方米，占全国光热利用面积的 4.9%。

在风电建设方面，1986 年，广东开始在南澳建设风电场；2010 年年底，粤电集团在湛江徐闻风场建设华南首个海上示范风场，标志着广东海上风电利用迈出了实质性步伐。[④] 到 2013 年年底，全省建成风电装机容量 2 000 兆瓦，占全国风电装机容量的 2.3%。2016 年 7 月，广东首个海上风电试点项目“珠海桂山海上风电场示范项目”获广东省发改委核准，标

---

① 朱小丹：《走向社会主义生态文明新时代》，载《人民论坛》2016 年第 34 期，第 6－9 页。

② 邓于君、张静：《产业结构对广东能源利用效率影响的实证分析》，载《广东行政学院学报》2015 年第 5 期，第 69－77 页。

③ 刘倩、沈甸：《广东去年清洁能源电量占比超四成》，载《南方日报》2018 年 3 月 24 日 A7 版。

④ 张豪：《广东新能源产业转型升级的挑战及应对措施》，载《现代营销》（下旬刊）2018 第 5 期。

志着广东省海上风电开发正式启动。该项目一期建设规模为120兆瓦，拟安装34台3兆瓦风电机组和3台6兆瓦风电机组，项目建成后预计年发电量近2.66亿千瓦时，每年可节约标准煤8.66万吨、减排二氧化碳20.67万吨，社会经济效益显著。①

在核电方面，坐落在深圳市大鹏新区的大亚湾核电基地，拥有大亚湾核电站、岭澳核电站2座核电站，共6台百万千瓦级压水堆核电机组，年发电能力约450亿千瓦时。其中，大亚湾核电站所生产的电力70%输往香港，约占香港社会用电总量的1/4，30%输往南方电网；岭澳核电站所生产的电力全部输往南方电网。大亚湾核电站的建成以及后续安全、持续、高效的运营，不仅为粤港经济社会发展输出了安全、可靠、稳定的电力，积累了丰富经验和后续发展资金，也为我国现代核电事业的腾飞打下了坚实的人才、科技、工业和管理基础。

（三）能源供需矛盾日益缓和

习近平总书记指出：立足国内多元供应保安全，大力推进煤炭清洁高效利用，着力发展非煤能源，形成煤、油、气、核、新能源、可再生能源多轮驱动的能源供应体系，同步加强能源输配网络和储备设施建设。② 改革开放40年间，广东始终坚持以完善能源基础设施建设为能源供应体系建设的主要工作抓手，将能源基础设施建设作为经济社会转型发展的基础和必备条件，其稳步推进可以为经济社会发展积蓄能量、增添后劲，而建设滞后则会成为制约发展的瓶颈。40年来，广东能源基础设施的不断完善取得实质成效，逐步保障民生供能用能的基本需求，夯实了广东经济社会稳定发展的重要基石。

1990—2016年，广东电力、燃气等能源供应基础产业与基础设施完成投资额持续保持快速增长趋势，2016年全年，广东电力、燃气等能源供

---

① 郭贤明、钟式玉：《广东新能源产业对经济发展的作用与潜力》，载《电力与能源》2015年第36卷第5期，第653－657页。

② 《推动能源生产和消费革命》，载《人民日报（海外版）》2014年6月14日第1版。

应基础产业与基础设施完成投资额为 1 294.06 亿元，是 1990 年全年完成投资额的 50 多倍（见图 3－6）。广东通过加大能源供应基础设施建设力度，普遍改善人均资源贫乏、能源利用效率低下、可利用的一次能源中“多煤少油缺气”①等能源问题，能源供应短缺的问题得到较大缓和。特别是“十二五”期间，广东积极按照新农村建设总体部署，紧紧围绕振兴粤东西北和改善人民生活条件的目标，将政府基本建设的增量主要用于粤东西北能源基础设施建设项目，逐步把能源供应基础设施建设的重点转向偏远山区，推动珠江三角洲城市能源供应基础设施向周边辐射，全面形成全省共融的能源基础设施一体化。

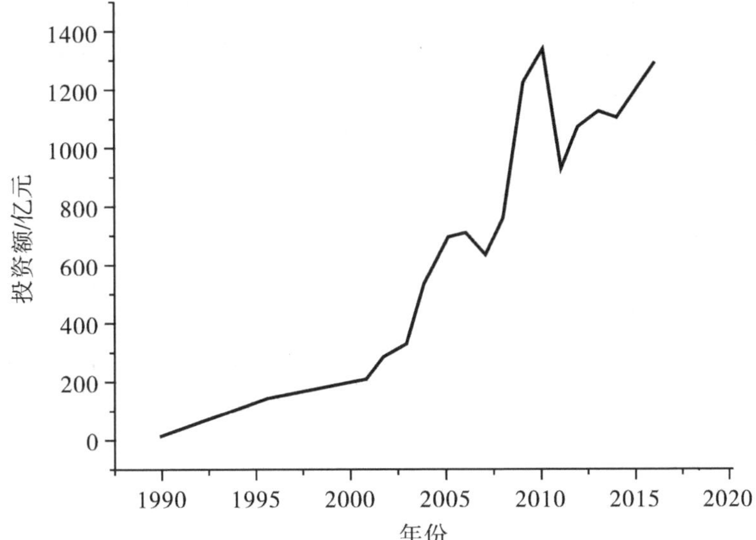

图 3－6　广东电力、燃气等能源基础设施完成投资额趋势

数据来源：相关年份《广东统计年鉴》。

① 李灼贤：《树立科学发展观调整广东能源结构的思路》，载《广东经济管理学院学报》2004 年第 19 期第 4 版，第 65－69 页。

1. **电源布局结构显著优化，电源建设取得新成果**

在电源建设方面，广东已建设完成阳江核电、台山核电一期等工程，以及惠州、清远抽水蓄能电站。“十二五”期间，广东建成核电装机容量约880万千瓦，新增燃煤发电装机容量约2 000万千瓦（其中热电联产机组250万千瓦），新增天然气发电装机容量约710万千瓦（其中热电联产机组和小型分布式能源站约630万千瓦），新增抽水蓄能电站装机容量约90万千瓦。随着广东阳江核电站3号机组、东莞东兴电厂5.6号机组等项目投运，广东统调装机容量突破1亿千瓦，达到1.0217亿千瓦，成为继内蒙古之后全国第二个装机容量过亿的省份（截至2016年1月）。此外，广东汕尾陆丰核电、台山核电二期、韶关核电、惠州核电，深圳、梅州（五华）、阳江（阳春）、江门（新会）抽水蓄能电站等项目建设正在开工建设，未来广东电源建设将更上台阶。

在电源布局结构上，广东不断加快粤东西北能源基础设施步伐。粤东西北地区能源供应基础设施较珠江三角洲地区存在较大差距，改革开放40年来，广东以珠江三角洲地区建设为引领和示范，不断加快粤东西北能源基础设施网建设，补短板。同时，粤东西北地区按照国家规划加大基础设施建设，充分发挥自身港口和航运等优势，在电力、炼油等能源基础设施建设领域取得了较大成效，有效地提高了区域能源供应能力。截至2016年年底，粤东西北地区统调装机容量约5 191.5万千瓦，占比超过全省一半，达到54%，相比“十一五”末提高了11%。另一方面，自“十一五”以来广东不断优化火电发展布局和结构，珠江三角洲地区不再规划新建、扩建燃煤燃油火电厂，粤东西北地区适当建设大型环保型燃煤电厂，热负荷集中的工（产）业园区适度建设热电联产电厂，推进煤气化整体联合循环（IGCC）洁净煤发电试点项目建设。

2. **电网布局建显著改善，电网一体化建设呈现新进展**

珠江三角洲地区的产业向粤东西北地区的转移，使粤东西北地区用电量呈现较快增长，形成新的负荷增长区域。为适应经济社会一体化发展，广东加快了粤东西北地区电网建设，在推动珠江三角洲电网优化发展的同时，广东全面落实粤东西北振兴发展战略，把更多的资源向粤东西北地区

倾斜，推动电网协调发展。“十二五”期间，广东建成了以珠江三角洲地区主干环网为中心，向东西两翼及粤北延伸的500千伏骨干网架，为大型电源接入提供条件。到“十二五”末，广东已建设完成广州木棉、深圳现代、东莞东纵、惠州大亚湾等500千伏输变电工程，优化和完善珠江三角洲地区500千伏双回路内外环网；建设完成揭阳揭东等500千伏输变电工程，构建出粤东地区500千伏输电线路环网结构，实现了跨区域输电通道建设。

电网基础设施建设方面，广东新建“祯州—宝安”“海丰—东纵”“祯州—梅林北”等500千伏粤东外送输电通道，结合阳江、台山核电等送出工程建设，加强了粤西外送输电通道建设，逐步提高东西北地区向珠江三角洲负荷中心的电力输送能力。到2015年，全省500千伏输电线路长度约9 400千米，变电容量达到12 300万千伏安；220千伏输电线路长度约30 100千米，变电容量约21 200万千伏安；110千伏输电线路长度约49 500千米，变电容量约21 500万千伏安。同时全省完成220千伏变电站建设，完善220千伏电网结构，全面推进城市配电网升级改造，开展数字化变电站建设和配网自动化建设，提高了供电可靠性和供电质量。

农村电网建设方面，广东实施了新一轮农村电网改造升级工程，新建及改造110（35）千伏变电站214座，新增变电容量1 112万千伏安；新建110（35）千伏线路4 420千米；新建及改造中低压线路93 731千米；改造配电变压器19 904台，变电容量349万千伏安。

同时，广东积极疏通西电东送通道，加快职能电网建设步伐。广东积极推进糯扎渡电站送电±800千伏直流输电工程和溪洛渡右岸电站送电±500千伏直流输电工程及省内相关配套交流输变电工程建设，提高了电网消纳西电能力。广东以横琴新区、中新（广州）知识城为智能电网示范区，积极推进了分布式能源、微电网及储能等新技术的应用，提高了电网智能化水平。同时，广东实现了电动汽车充电网络建设，积极开展智能用电小区、智能楼宇建设和智能电表应用，推动终端用户用能模式升级。

3. 输气管网基础建设加快推进，天然气供应覆盖率实现新跨越

“十二五”期间，广东新增天然气供应能力约340亿立方米/年。截至

2016年年底，广东天然气管网先后建设一、二期工程，建成天然气管道686千米，累计投产651千米，沿线通达广州、佛山、东莞、惠州、清远、肇庆、韶关等10个地市、21家工业用户，实现安全平稳运行超过1 900天，累计输气超160亿立方米，惠及人口6 000万人。通过结合气源项目建设，珠江三角洲天然气输送主干管网逐步完善，粤东西北天然气主干管网建设持续推进，逐步实现全省天然气输送管网一体化。此外，广东逐步完成了陆上长输管线、沿海LNG接收站和海上天然气接收工程建设，建成西气东输二线工程广东段、珠海LNG接收站、海上天然气接收工程（珠海）、粤东LNG接收站、深圳LNG接收站、粤西LNG接收站等项目，开工建设川（疆）气入粤、西气东输三线工程广东段等项目，为广东省经济转型升级提供源源不断的“绿色”动力。

4. 农村能源建设显著加强，能源服务水平发生新变化

广东按照“因地制宜、多能互补、综合利用、讲求效益”的原则，不断加强农村能源建设。一方面，广东通过加强农村电网建设，深入推进农村可再生能源开发利用，积极发展农户用沼气和大中型沼气工程；同时引导农户合理利用农村水能资源，并加快推进太阳能、生物质能利用等工作，切实提高了太阳能热水器、太阳灶、生物质能炉具等应用普及率。另一方面，广东积极开展绿色能源示范县建设，大力开发海岛及近海风能、潮汐能、潮流能、太阳能等新能源，推动多能互补的独立能源系统试点建设，加强独立海岛等无电地区能源供应设施建设，切实提高农村能源的普遍服务水平。

生物质能的使用是广东农村能源发展的重点内容。广东生物质能的利用以垃圾发电、农林废弃物发电、沼气利用为主。其中，广东垃圾发电起步早，应用技术水平和产业规模居全国前列，到2013年年底全省建成垃圾发电装机容量440兆瓦。而农林废弃物发电规模则相对较小，全省建成农林废弃物直燃发电装机容量160兆瓦。沼气利用方面，到2013年年底，广东建成并正常使用的农村沼气池超过50万户，年产沼气2亿立方米，占全国沼气生产规模的1.5%。

为促进生物能源的发展，广东省科技厅将生物能源技术开发作为科技

攻关的重点，并将其列入广东省“十一五”科技发展规划中。“甘蔗燃料乙醇生产关键技术及示范”“生物燃料乙醇生产、应用关键技术及示范”“年产 1 万吨生物柴油关键技术及示范”等一批生物能源技术研发项目被列为 2006 年粤港关键领域重点突破项目。[①]

（四）土地节约集约利用水平不断提高

习近平总书记指出，要大力节约集约利用资源，推动资源利用方式根本转变，加强全过程节约管理，大幅降低能源、水、土地消耗强度。[②] 改革开放以来，广东经济社会发展取得巨大成就，但经济发展的同时，消耗了大量的土地资源。广东省土地后备资源不足，土地面积仅占全国的 1.87%，全省人均耕地远远低于联合国粮农组织规定的人均耕地 0.8 亩的警戒线。早在 1997 年，广东已按照“十分珍惜和合理利用每一寸土地，切实保护耕地”的要求，坚持最严格的耕地保护制度和节约集约用地制度，不断提升土地节约集约利用水平。

2008 年，原国土资源部和广东省人民政府以省部合作方式在广东开展节约集约用地试点示范省工作，以期为全国探索和提供可借鉴的土地管理新经验。2009 年 2 月，广东发布《广东省建设节约集约用地试点示范省工作方案》，明确了严格管理制度，切实落实保护耕地特别是基本农田保护目标；统筹安排各行各业用地，促进建设用地布局优化和产业结构调整；合理配置，严格拉制新增建设用地；等等，共 7 大试点任务以及分阶段的实施步骤。明确了省直各有关部门、地方各级政府的职责；建立了考评激励机制，将节约集约用地考核、“三旧”改造等一并纳入耕地保护责任目标履行情况进行考核，将“单位建设用地第二、三产业增加值”作为《珠江三角洲地区改革发展规划纲要（2008—2020 年）》目标考核指标，对节约集约用地、“三旧”改造、耕地保护等工作成绩突出的市、县予以

---

① 广东省发展和改革委员会：《广东省东西两翼地区能源基础设施专项规划》（索引号：006939756/2007 - 00030），2007 年。

② 参见中共中央宣传部组织《习近平系列重要讲话读本》，学习出版社、人民出版社 2016 年版。

奖励。在原国土资源部的支持指导下，广东省积极探索保护耕地的新途径，全面部署、多措并举，初步实现保护资源与保障发展的良性循环。2008—2013年，全省开发补充耕地达208万亩，开发补充耕地面积位居全国前列，可满足广东省今后10年耕地占补平衡需要。截至2012年年底，全省耕地保有量4 750万亩，超额完成了国家下达的广东省4 371万亩耕地保有量的任务；划定基本农田面积3 982万亩，超额完成了国家下达的3 834万亩基本农田保护任务。①

改革开放40年来，广东在节约集约用地水平、土地管理与服务水平、耕地和基本农田保护水平、地籍管理工作、国土资源法制建设和科技进步等方面均取得实效，为进一步构建资源保障和促进科学发展的新机制，全面提高广东国土资源保障能力和保护水平，促进经济社会的全面协调可持续发展起到了重要保障作用。2008—2010年，全省完成“三旧”改造项目1 864个，完成改造面积0.75万公顷，节约土地0.31万公顷，减少建设占用耕地0.15万公顷，平均节地率达42.07%，腾挪增加可利用土地面积占已完成改造土地面积的42%；通过城乡建设用地增减挂钩项目完成拆旧面积2 419公顷，建新面积2 302公顷，复垦耕地面积615公顷，确保了耕地面积有增加，建设用地总量有减少、布局更合理，有效地盘活了存量低效建设用地资源，提高了土地利用效率。到2016年，全省共投入“三旧”改造资金1 890.08亿元，约占同期全省固定资产投资的5.73%，完成改造项目597个，完成改造面积3 480公顷，节约用地1 242公顷，节地率达35.69%；正在改造项目3 827个，涉及改造面积16 243公顷。

1. 建设用地服务大局能力显著增强

2016年，全省共批准建设用地25 309.96公顷，供应国有建设用地34 477.8公顷，供应同比增长114.76%，有力保障了基础设施、现代产业和民生工程等重大工程项目用地需求，在总量上合理控制建设用地规模，逐步实现地上地下空间深度开发以及未利用地和工矿废弃地的拓展开发利

---

① 许史兴、袁学东、祝桂峰：《广东推进节约集约用地，试点示范省建设成效显著》，载《南方日报》2013年6月17日第A8版。

用。截至2015年年底，广东省级建设项目用地预审1 113宗，涉及用地6.997万公顷，比2005年同期分别增长了87.4%和58.82%。全省已基本完成土地利用评价指标体系建设，通过研究制订建设用地节约集约考核评价办法等，有效地提高了各级人民政府节约集约用地的主动性和积极性。

在结构方面，深入推进"三旧"改造，通过优化结构、调整布局，提升土地利用效率和利用效益，缓解建设用地供需矛盾。优化供地的计划性、结构性和保障性，确保保障性住房、棚户改造和自住性中小套型商品房建房用地不低于住房建设用地供应总量的70%，严格控制大套型住房建设用地。广东对批而未供、供而未用的土地进行全面清查，加大闲置土地处置力度，通过闲置土地专项清理、征收土地闲置费和收回土地等措施，促使各地转变土地利用观念，盘活存量建设用地。建立建设用地批后监管信息系统，有效防止新的闲置土地产生。

在流转方面，通过研究制订农村集体建设用地基准地价和集体建设用地流转收益分配办法，构建出城乡一体的土地等级和地价体系，明确了流转收益的分配主体、方式、比例及监管等。

2. 高标准农田建设

习近平总书记指出：要严守耕地保护红线，严格保护耕地特别是基本农田，严格土地用途管制。[①] 截至2016年年底，全省耕地保有量（含可调整地类）达315.29万公顷，基本农田保护面积263.2万公顷，累计已竣工高标准农田建设规模106.64万公顷。广东实现了对基本农田管理规范化、制度化、信息化的建设，设立了统一的保护标志，建立了公开的查询系统，接受社会监督。广东扎实开展耕地农田保护责任目标考核，不断强化耕地农田保护共同责任，建立健全约束和激励并行的耕地农田保护与补偿新机制，实施基本农田保护补偿，制定了耕地保护和基本农田保护优惠政策等，通过财政补贴，直接增加耕地保护和基本农田保护重点地区的经济收入，提高了农民保护耕地和基本农田的主动性和积极性。

---

① 中共中央文献研究室：《习近平关于社会主义生态文明建设论述摘编》，中央文献出版社2017年版，第45页。

3. **土地改革制度稳步推进**

在市场机制建设方面，广东建立了与经济发展水平相适应的征地补偿调整机制，适时修订征地补偿保护标准，进一步完善了征收农村集体土地的社保和留用地安置政策措施；同时，深入推进土地有偿使用制度改革，完善建设用地储备制度，严格落实工业和经营性用地招标拍卖挂牌出让制度，强化用地合同管理。

改革试点建设方面，广东全面推进农村土地制度改革、城乡统筹土地管理制度创新、低丘缓坡、增减挂钩各项试点工作；指导和协助了佛山市开展征地制度改革试点工作，完善其留用地供地方式，制定了留用地折换货币或以实物折抵的具体办法；2016年完成集体经营性建设用地试点入市地块面积约66公顷，批复设立增减挂钩试点项目区238个，报批使用低丘缓坡试点用地面积326公顷。

征地补偿机制方面，广东在依法足额兑现一次性货币补偿的前提下，探索建立了征地补偿逐年支付机制，确保被征地农民获得稳定持续的收入来源，保障其长远生计。征地制度方面，广东坚持政府统一征地、统一补偿，探索制定了征地目录，逐步落实了缩小征地范围的原则、方式、标准和内容，以及缩小土地征收范围，减少征收土地规模等，全省积极探索并逐步落实征地补偿多渠道安置途径，保障被征地农民的利益。

4. **土地基测技术能力逐步增强**

2016年，广东完成第一次全国地理国情普查、全省1∶10000数据库更新及1∶10000地形图核心要素更新工作，数字县（区）地理空间框架建设、“天地图·广东”节点建设工作全面推开。同时，在珠江三角洲基础地理信息公共平台的基础上进行扩展、补充，建设广东省基础地理信息公共服务平台，实现了与国家和各地级以上市的基础地理信息资源互联互通和有效集成，建成分布式地理信息服务系统，实现了一站式地理信息综合服务。在现有测绘基准体系的基础上，利用现代测绘新技术和空间定位技术，通过新建、改建的方式建立地基稳定、分布合理、适合长期保存的基础设施，逐步形成了高精度、三维、动态、陆海统一以及几何基准和物理基准一体的现代测绘基准体系，提升了广东测绘工作为经济建设和科学

研究服务的保障能力。

（五）水资源利用效率逐步提升

改革开放 40 年来，广东省委、省政府高度重视水资源利用，以建设资源节约型和环境友好型社会为主线，把水利作为基础设施建设的优先领域，着力提高水资源和水安全保障能力，促进水资源合理开发利用和节约保护，水资源利用效率明显提高。特别是在 2011 年年底和 2012 年年初，广东率先在全国出台《广东省最严格水资源管理制度实施方案》和《广东省实行最严格水资源管理制度考核暂行办法》，并从 2011 年起，对全省各市考核用水总量、用水效率和水功能区纳污总量控制“三条红线”，这为全省水资源利用效率提升提供了强大制度保障。水资源效率、效益的提升使全省经济社会发展的基础保障能力实现质的飞跃，助推广东由水利大省向水利强省跨越。

1. 实现用水总量保持平稳

改革开放 40 年来，广东始终遵循开源节流、科学调配、尊重自然水性的用水理念，在合理开发水源、保障水资源供给的同时，积极实现水源利用总量的控制。首先，为有效实现水资源总量控制，广东省内各流域管理机构以水资源综合规划为基础，制定流域水量分配方案，以水量分配方案、区域用水协议等为依据，提出各级地方的取水许可总量控制指标，对流域内用水全面实行总量控制；其次，广东将省内总量控制指标逐级分解到各级地方行政区域，建立覆盖流域和市县乡三级行政区域的取水许可总量控制指标体系；最后，广东实行严格的取用水管理，省内各地级市按照总量控制指标制订年度用水计划，实行行政区域年度用水总量控制，建立相应的监管制度，按照严格取水许可审批，加强取水计量监管，对超过取水总量控制指标的，一律不再审批新增取水。

自 1997 年以来，全省总用水量总体变化平稳，1997—2010 年呈缓慢上升趋势，2010 年后总用水量有所下降，其中生活用水明显增长，而农业用水则总体呈略微减少态势，工业用水量自 2010 年后有所下降。全省总用水量从 1997 年的 439. 5 亿立方米到 2016 年的 435 亿立方米，下降了

1%，其中，生活用水从59.5亿立方米增加到105.3亿立方米，增幅达77%；农业用水从256.4亿立方米减少到220.5亿立方米，减少14%；工业用水从123.5亿立方米减至109.2亿立方米，减幅11.7%。（见图3-7）

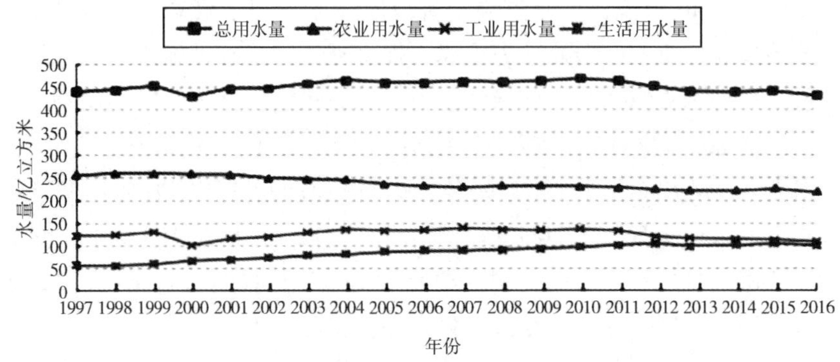

图3-7　1997—2016年广东各类用水量变化

资料来源：《水资源公报2016》①。

2. 用水效率大幅提升

改革开放40年来，广东持续不断进行节水技术研发与推广运用，积极推广技术成熟、节水减排效果显著、应用面广的重大工业、农业节水技术和居民生活节水器具产品；组织开展关键和前沿节水技术的科研攻关和技术示范，增强节水领域自主创新能力。同时，广东在重点领域积极开展节水工程建设示范，在农业领域抓好抓实大中型灌区和井灌区的节水改造，大力推广喷灌、滴灌和管道输水灌溉等先进实用的节水灌溉技术，发展现代旱作节水农业，推进林果业、养殖业节水和农村生活节水；在工业领域重点抓好钢铁、火力发电、纺织、化工等高耗水行业节水；在城市生活领域不断加快城市供水管网改造，加强供水和公共用水管理，全面推进城市用水效率提升。1997—2016年的20年间，万元GDP用水量由547立方米下降到73立方米（按2000年可比价计算），下降幅度达86.6%；工

① 广东省水利厅：《水资源公报2016》，见广东省水利厅网（http://www.gdwater.gov.cn/zwgk/tjsj/szygb/szygb2016/zs/201709/t20170904_329299.shtml）。

业用水效率方面，1997—2016 年间，全省万元工业增加值用水量由 401 立方米下降到 28 立方米，降幅达 93%；农业用水效率方面，农田灌溉亩均用水量历年来基本保持稳定，用水弹性小，民生诉求稳定保障；生活用水效率方面，全省人均综合用水量自 2004 年开始呈下降趋势，近年来基本保持稳定（见图 3－8）。

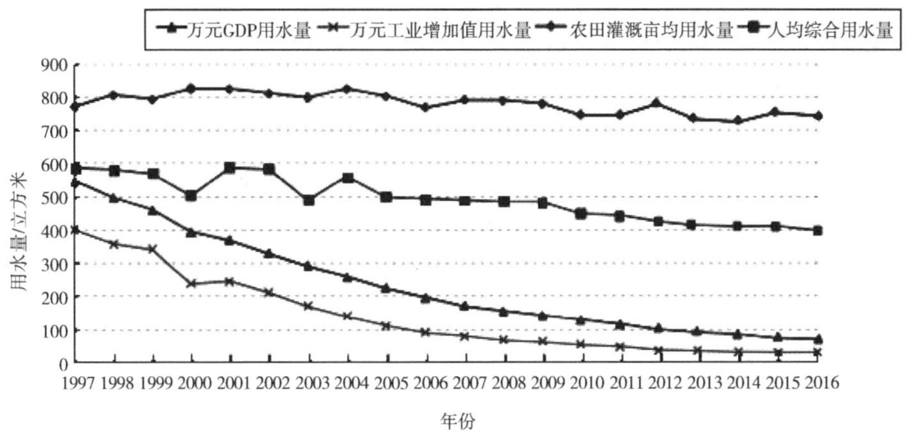

图 3－8　1997—2016 年广东主要用水量变化

数据来源：《水资源公报 2016》[①]。

3. 节水体制日益完善

制度与规划是优化配置水资源的基础，是经济社会发展总体目标和布局在水资源领域的具体体现。广东不断完善水资源规划体系，以实现水资源可持续利用为目标、需水管理为核心，抓好省内各流域、区域水资源综合规划和节约、保护等专业规划的编制，强化规划的执行和监督检查，充分发挥规划的基础导向作用和刚性约束作用。

市场层面上，一方面，广东大力推进水权制度建设。2016 年，广东颁布了《广东省水权交易管理试行办法》，明确了水权交易的主体、交易

① 广东省水利厅：《水资源公报 2016》，见广东省水利厅网（http://www.gdwater.gov.cn/zwgk/tjsj/szygb/szygb2016/zs/201709/t20170904_329299.shtml）。

平台、监督与管理等，为充分发挥市场作用、优化水资源配置、提高水资源利用效率提供了制度保障；另一方面，广东积极开展水价改革，建立既充分体现广东水资源紧缺状况和符合市场经济规律，又兼顾社会可承受度和社会公平，有利于节约用水、合理配置水资源、促进水资源可持续利用的水价形成机制。首先，广东综合考虑各地区水资源状况、产业结构与终端用户承受能力，合理调整水资源费征收标准，扩大水资源费征收范围；其次，按照促进节约用水和降低农民水费支出相结合的原则，逐步实行国有水利工程水价加末级渠系水价的终端水价制度，加快完善计量设施，推进农业用水计量收费，实行以供定需、定额灌溉、节约转让、超用加价的经济激励机制，推进农业水价综合改革；再次，按照补偿成本、合理盈利的原则，合理调整非农业供水水价，继续推行超定额累进加价制度，缺水城市要实行高额累进加价制度，适当拉开高耗水行业与其他行业的水价差价；最后，加强水价管理，增加水价决策的透明度，积极制定相关配套政策，减轻提高水价带来的社会影响。

三、广东节约集约利用资源能源的主要经验

（一）完善的法律法规体系为资源能源节约集约利用提供了规范

党的十九大报告指出，全面依法治国是国家治理的一场深刻革命，是实现国家治理体系和治理能力现代化的必然要求，是中国特色社会主义的本质要求和重要保障。改革开放以来，广东能源立法的不断推进，为能源事业的发展提供了前提和保障。

“天下之事，不难于立法，而难于法之必行”。政府掌握着能源资源的分配权、项目的审批权、规范的制定权，控制着资源能源开发利用活动时序、广度和深度，这就导致资源能源开发建设活动的先后时序和力度在相当程度上取决于政府的决策。加快能源节约立法，将政府的管理行为纳入法制的轨道，有利于保证政府对资源能源管理的科学化和规范化，克服当前决策欠科学、资金投入不足和管理不统一的弊端，最终实现资源能源节

约集约高效利用的目标，实现从政府唱“独角戏”向多主体合作、从分割立法向协调立法的转变。[①] 广东的实践经验表明，以法律法规的形式调整人们在能源资源节约活动中的行为是解决资源能源利用可持续发展的根本途径。实现资源能源节约集约的规范化，要着力于加强资源能源节约立法，逐步建立起科学完备的能源节约法律体系，充分依靠法制解决能源资源枯竭问题。

（二）能源资源的高效管理关键在于部门间协同合作

能源资源的管理涉及经信、发改、水利、国土、环保等多个部门，实现高效管理的关键在于建立有效的跨部门协同合作机制。尽管我国能源资源节约集约利用在近年实现了较大幅度提升，但总体来看，我国能源资源节约集约的工作起步较晚，所积累的经验有限，相关法规制度也是在近年来才逐步建立。特别是近年来，随着资源能源约束趋紧，能源利用效率提升空间逐步压缩，能源总量控制难度日益加大，土地和水资源节约集约利用也面临不小挑战，这些挑战的破解在很大程度上依赖于政府的高效管理。

能源利用效率的提升和能源消费总量的控制涉及企业的技术创新、产业结构优化调整等，水资源集约高效利用涉及城市管理、管网改造、价格体系等，土地资源集约高效利用也涉及城市规划、产业准入等诸多方面，这些均非一个部门所能完成，而是需要各部门通力合作，合理调配资源，共同推进。能源资源的管理往往缺乏跨部门协同意识，协同机制建设滞后，政府部门间的合作关系呈现“碎片化”，不利于能源资源的高效管理。广东在能源资源的跨部门协同机制建设上做了诸多有益探索，全省节能减排“十三五”规划，以及能源资源节约集约利用方面的行动工作方案均由相关的多个部门共同发文，并明确了各部门的主体责任，促进了跨部门合作机制的建立。尽管广东在资源能源跨部门协作管理机制建设方面仍有提

---

① 张磊、黄雄：《我国能源管理体制的困境及其立法完善》，载《南京工业大学学报》2011年第1期，第59－63页。

升空间，但其实践也有启示意义：应立足于建立完善的部门间合作机制来提升能源资源的管理效能。资源能源管理的部门间协作一方面需要做到信息共享，信息共享程度越高，部门间协作的水平越高，资源能源管理的效率也就越高；另一方面要注重部门协作的制度建设，从行政权力格局、部门分工明确性和合理性、干部任用制度、绩效评估等方面予以系统考量：明确能源、水资源、土地资源管理等各部门协调工作的基本职责，设立量化指标体系，并纳入部门工作考核；制定统一且普遍适用的绩效评估制度和随后的奖惩制度，使参与部门能够得到与之贡献相一致的协调收益。①

（三）能源资源节约集约实现持久长效的关键在于激发全民参与活力

构建全民参与的社会行动体系是深入贯彻落实党的十九大精神的重要举措，要求准确把握“全民参与能源资源节约集约社会行动体系”的内涵、目标和主要任务，加快能源资源节约集约持久长效体系构建步伐。国之根本在民，民之根本在衣食住行。居民的衣食住行伴随着资源能源的消耗利用，因此激发全民参与的热情，是保障资源节约集约行为持久长效的关键。

习近平总书记指出，良好生态环境是最公平的公共产品，是最普惠的民生福祉。② 要使每个人都认识到人与环境唇齿相依，自己每一次的衣食住行，每一次的资源消耗等同于在吸食环境的“血液”，离开了环境，资源耗尽，我们就不能生活与生存；环境不优美，生活就谈不上高质量，肆意挥霍资源，就违背了人与自然友好相处的精神；树立“保护自然资源，就是保护人类自己”的意识，从而形成自觉传播、实践人与自然和谐与共的绿色文明理念，进一步落实到节约集约资源能源的行动上，真正为保障资源能源持久长效利用做出自己的贡献。同时，政府能源治理管理体制创

---

① 孙迎春：《国外政府跨部门协同机制及其对中国的启示》，载《行政管理改革》2013 年第 10 期，第 63 – 67 页。

② 中共中央文献研究室：《习近平关于社会主义生态文明建设论述摘编》，中央文献出版社 2017 年版，第 4 页。

新，需要通过全民参与的机制目标来实现，机制创新关键就是创造几条极少的例外条件，比如，教化全民能源危机就是民族生存危机、动员全民拯救生态就是拯救子孙后代、激励全民治理能源就是保证生存条件等。①

广东的实践启示，只有激发全民参与活力才能促使能源资源节约集约的持久长效。一方面，全民参与要从人文和自然的角度出发，切实转变经济发展方式，从源头上扭转资源能源利用的趋势；按照生态文明建设的内在需求探索资源节约型、环境友好型的新型工业化和现代化道路；加快建立健全资源能源节约集约建设体制和机制，强化能源环境立法。政府部门和社会有关方面要多开渠道，方便社会公众履行义务、参与生态建设；要多架桥梁，方便人民群众监督生态环境建设；要多想办法，鼓励社会力量投入生态和环保、走可持续发展之路。另一方面，全民参与要形成从我做起、从身边事做起的社会氛围，让每个公民都养成良好的生活习惯，在日常生活中厉行节约，防止浪费，珍惜资源，为人类永续生存与发展尽绵薄之力。

（四）资源能源体制机制改革，关键在于厘清政府与市场的边界

改革开放 40 年来，我国能源行业发生巨变，能源体制机制改革逐步进入深水区，市场资源配置能力大幅增强。能源体制机制的改革保障了我国能源行业的快速发展。从 20 世纪 80 年代初至 90 年代末，探索“放松管制、政企分离”改革；到 20 世纪 90 年代末至 2012 年前后的市场化导向改革；再到党的十八大以来，大幅取消和下放行政审批事项，进入能源体制改革的攻坚期和深水期。总体来看，改革开放以来，我国能源领域按照先易后难的渐进式改革模式，在放宽投资限制、放松价格管制、实行政企分离、培育市场主体等方面已经进行了一系列的体制机制改革并取得了积极成效。

---

① 莫大喜等：《广东发展可再生能源的政策选择》，载《开放导报》2012 年第 10 卷第 5 期，第 46 – 49 页。

但不可否认的是，与其他领域市场化改革步伐和力度相比，能源体制机制改革仍有提升空间。能源体制机制是一定区域内能源行业或能源领域资源配置的具体方式、市场运行以及监管制度模式等各种关系的综合，它一般由能源市场基本制度、能源市场竞争结构、能源市场运行机制、能源市场管理与监管体制四大基本要素构成。在四大构成要素中，能源价格机制在能源市场运行机制中处于核心地位，是整个能源体制机制的核心；而能源市场运行机制又是由能源市场竞争结构决定的。能源市场基本制度、能源市场管理与监管机制起到一个外围的服务保障作用。可以看出，在这四大基本要素中，政府责任和市场作用缺一不可，进一步理顺资源能源领域内的资源配置方式，关键在于怎样把握政府与市场的边界。

习近平总书记指出，进一步处理好政府和市场关系，实际上就是要处理好在资源配置中市场起决定性作用还是政府起决定性作用这个问题。理论和实践都证明，市场配置资源是最有效率的形式，市场决定资源配置是市场经济的一般规律，市场经济本质上就是市场决定资源配置的经济。健全社会主义市场经济体制必须遵循这条规律，着力解决市场体系不完善、政府干预过多和监管不到位问题。此外，市场在资源配置中起决定性作用，并不是起全部作用。政府的职责和作用主要是保持宏观经济稳定，加强和优化公共服务，保障公平竞争，加强市场监管，维护市场秩序，推动可持续发展，促进共同富裕，弥补市场失灵。[①] 因此，与其他领域的市场化改革相似，我国资源能源体制机制改革，其关键也在于厘清政府与市场的边界，不断完善能源价格机制，要让市场在资源能源行业发展中起决定性作用；同时，加强市场监管，维护市场秩序，更好地发挥政府作用。

---

① 习近平:《关于〈中共中央关于全面深化改革若干重大问题的决定〉的说明》,《十八大以来重要文献选编》(上)，中央文献出版社2014年版，第499页。

第四章　广东的生态建设

“良好的生态环境是人和社会经济持续发展的根本基础。蓝天白云、青山绿水是长远发展的最大本钱。”① “在人类发展史上特别是工业化进程中，曾发生过大量破坏自然资源和生态环境的事件，酿成惨痛教训。马克思在研究这一问题时，曾列举了波斯、美索不达米亚、希腊等由于砍伐树木而导致土地荒芜的事例。据史料记载，丝绸之路、河西走廊一带曾经水草丰茂。由于毁林开荒、乱砍滥伐，致使这些地方生态环境遭到严重破坏。据反映，三江源地区有的县，三十多年前水草丰美，但由于人口超载、过度放牧、开山挖矿等原因，虽然获得过经济超速增长，但随之而来的是湖泊锐减、草场退化、沙化加剧、鼠害泛滥，最终牛羊无草可吃。古今中外的这些深刻教训，一定要认真吸取，不能再在我们手上重犯!”② 改革开放之初，森林资源面积急剧减少导致水土流失严重、自然灾害频发的教训，让广东深刻地认识到了生态建设的重大意义，提出了不仅要发展经济，更要注重生态平衡，搞好造林绿化，让子子孙孙生活在一个良性循环发展的健康环境中。

---

① 中共中央宣传部：《习近平总书记系列重要讲话读本》，学习出版社、人民出版社 2014 年版，第 209 页。

② 中共中央文献研究室：《习近平关于社会主义生态文明建设论述摘编》，中央文献出版社 2017 年版，第 13－14 页。

一、从“消灭荒山”到“率先建设全国绿色生态第一省”

改革开放40年来，广东走过了从“消灭荒山”到“率先建设全国绿色生态第一省”的艰难探索历程，曾经荒山遍布、水土流失严重的南粤大地如今已成为生态资源富足、绿色产业发达的生态强省。

（一）1978—1991年：绿化荒山、加强保护

1978—1991年是广东生态建设和生态修复的起步阶段。这一阶段，在森林资源面积急剧减少、水土流失严重、重要的自然生态资源保护不足的现实状况下，广东生态建设的重点是消灭荒山，恢复和重建重点生态保护区，遏制生态环境日益恶化的局面。

1. 消灭荒山，绿化广东

历史上，广东森林茂盛。经过1958年、1968年、1978年3次乱砍滥伐的严重破坏，至1985年，全省仅有森林463.73万公顷，占全省面积26%，而荒山荒坡却有386万公顷，光山秃岭到处可见，生态条件恶化；水土流失面积达1.2万平方千米，占全省土地面积的7%。①

1985年10月，广东省委、省政府在新会县召开全省绿化工作会议，率先提出“五年消灭宜林荒山，十年绿化广东大地”的重大战略决策。同年11月，广东省委、省政府发布的《关于加快造林步伐，尽快绿化全省的决定》提出“五年种上树，十年实现绿化”的战略目标。自此，全民造林、消灭荒山的伟大实践在南粤大地上全面地展开。为调动全省干部绿化造林的积极性，1986年，广东省委、省政府建立了“三长办点”制度，即县委书记、农委办主任、林业局局长各抓一个造林绿化点的制度。为了确保“十年绿化广东”的目标如期实现，广东省委、省政府还建立了县级领导造林绿化任期目标责任制，由省统一制定检查和奖惩办法，每年检查一次，有奖有罚、奖罚分明。1986—1992年，省委、省政府共组织了7次

① 《中国农业全书》总编辑委员会、《中国农业全书·广东卷》编辑委员会：《中国农业全书·广东卷》，中国农业出版社1994年版。

全省林业检查。为使“十年绿化广东”成为全社会的共识，省委、省政府先后 7 次召开全省山区工作会议和 2 次县委书记会议，每年还召开 1 ～ 2 次造林绿化电话会议，都突出消灭荒山、造林绿化的议题，不断地把造林绿化工作引向深入；每次山区工作会议都总结宣扬一批治山致富的典型，借以坚定全省全面开展治山致富信心。与此同时，各新闻、宣传、广播、电视、电影部门和单位自始至终开足马力、大造声势，形式多样地为绿化广东鸣锣开道。

经过 5 年“造林、封山、管护、节柴”综合治理，森林资源得以休养生息，1992 年与 1985 年相比，广东森林年生长量从 1 064 万立方米增加到 1 576 万立方米，增长 49%；资源年消耗量从 1 447 万立方米减少到 800 万立方米以下，下降 44%。① 1986 年，广东森林活立木年生长量与年消耗量持平；从 1987 年开始，年生长量大于年消耗量，森林资源开始进入良性循环。1991 年 3 月，中共中央、国务院授予广东“全国荒山造林绿化第一省”的荣誉称号。

2. 恢复自然保护区的建设

建立自然保护区是保护包括珍稀濒危物种以及各类型生态系统在内的生物多样性资源的一项根本性措施。1982 年第三届世界国家公园大会宣言（《巴厘宣言》）中指出，保护区是保护生物资源不可缺少的一部分。因为：它维护了依附在自然生态系统上的基础生态过程；它保存了保护区内物种和基因变异的多样性，从而阻止了对人类自然遗产无法挽救的破坏；它维持了生态系统的生产能力，保护了对永续利用物种至关重要的栖息地；它提供了科研、教育和训练的条件。1982 年五届全国人大五次会议通过的《中华人民共和国宪法》明确规定：国家保障自然资源的合理利用，保护珍贵的动物和植物，禁止任何组织或个人用任何组织手段侵占或者破坏自然资源。与此同时，国家相继颁布了《中华人民共和国森林法》《中华人民共和国野生动物保护法》《中华人民共和国森林和野生动物类

---

① 参见《中国农业全书》总编辑委员会、《中国农业全书·广东卷》编辑委员会《中国农业全书·广东卷》，中国农业出版社 1994 年版。

型自然保护区管理办法》等一系列法律法规，促进了自然保护区事业的加速发展。

广东的自然保护区建设启动时间较早。早在1956年，广东就建立了我国第一个自然保护区——鼎湖山国家自然保护区。但是，此后的20年，由于各种原因，自然保护区事业停滞不前。1980年，广东省原农委、原科委、科协等6个单位组织召开了广东陆地自然生态科学座谈会，会上专家们分析了广东陆地自然生态存在的问题和原因，研究了恢复和维护自然生态的途径和措施，并签名发出了《保护自然资源、维护生态平衡》呼吁书。专家们建议：适当扩大现有自然保护区面积，并新建一批保护区，特别要加强保护区的管理。专家们的呼吁得到了省政府的重视，省政府要求各地对专家意见认真研究，采取切实措施，做好有关工作。在专家们的呼吁和省政府的重视支持下，自然保护区工作揭开了新篇章。1981年，原广东省农委成立自然保护区区划领导小组，确定自然保护区区划方案和原则。1983年，广东省政府同意省林业厅提出的关于分期分批建立39个自然保护区的意见。1984年，广东省政府同意建立惠东古田、深圳内伶仃岛、大埔丰溪、龙门南昆山、乳阳八宝山5个自然保护区。1985年，广东省政府同意建立佛冈观音山、梅县阴那山、博罗罗浮山、郁南同乐大山等5个省级自然保护区。1986年，经广东省政府批准，《广东省森林和野生动物类型自然保护区管理实施细则》颁布实施。1988年，国务院批准建立内伶仃岛—福田和车八岭国家级自然保护区。1989年，广东省政府同意建立担杆岛省级自然保护区。1990年，广东省政府同意建立湛江红树林、韶关华南虎、阳春百涌、阳山称架、新丰云髻山、台山上川岛猕猴、南澳候鸟7个省级自然保护区。至此，广东省自然保护区网络初步形成。

（二）1992—2012年：建设林业生态省

经过全省人民的艰苦努力，真抓实干，到20世纪90年代初，广东的造林绿化工作取得了巨大的成就，“十年绿化广东”的宏伟目标提前2年基本实现。1992—2012年，广东开始向更高目标前进，在生态建设方面持续加大力度，取得了长足的发展。

1. **造林绿化成果进一步巩固**

1992—2012 年，广东造林绿化的大致脉络是：巩固绿化成果，大规模林业生态建设，率先创建林业生态省，建设现代林业强省。

1994 年，广东省委、省政府做出《关于巩固绿化成果，加快林业现代化建设的决定》，确立了以分类经营为指针，培育资源为基础，提高效益为中心，由以木材利用为主的传统林业向以生态效益优先、三大效益兼顾的现代林业转变，提出了“增资源、增效益、优化环境，基本实现林业现代化”的奋斗目标，明确以保护和改善生态环境为重点，强化森林分类经营改革，实施分类指导，调整产业结构，加快生态公益林和商品林基地建设。1998 年，广东省委、省政府做出了《关于组织林业第二次创业，优化生态环境，加快林业产业进程的决定》，全省各地在加快林业产业体系建设的同时，狠抓林业生态体系建设，以水源涵养林、水土保持林、沿海防护林、农田防护林、自然保护区、森林公园、城市环境风景林为主体的生态公益林骨干工程取得了很大的进展，形成了我省林业生态工程建设的基本框架。2005 年，广东省委、省政府做出了《关于加快建设林业生态省的决定》，确立了以生态建设为主的林业可持续发展道路，率先在全国推进林业生态省建设。“十一五”期间，广东林业开始由传统林业向现代林业发展，按照“发展现代林业，建设生态文明，推动科学发展”的总体思路，结合广东省情林情，提出建设“生态林业、民生林业、文化林业、创新林业、和谐林业”的新思路，用现代科学技术构建完善的林业生态体系、发达的林业产业体系、繁荣的生态文化体系，全面开发和不断提升林业多种功能，以重点工程为载体，建设八大生态工程和八大基础设施工程，不断改革创新。现代林业发展格局基本成型。

至“十一五”末，广东森林面积增加至 1.49 亿亩，森林覆盖率提高至 57.0%，森林蓄积量增加至 4.38 亿立方米。

2. **加快自然保护区建设**

1999 年召开的广东省九届人大二次会议上，来自全省 9 个代表团的 101 位代表联名提出了《关于加快我省自然保护区建设步伐》的议案，大会主席团将其列为省人大常委会督办的 1 号议案，交由省政府办理。同年，广东省九届人大常委会第十三次会议审议通过了省人民政府《关于加快我省自然保护区建设步伐议案的办理文案报告》，并做出《加快自然保护区建设的决议》，率先在全国以实施省人大议案形式加快自然保护区建设。2002 年，广东省编委批准成立了广东省自然保护区管理办公室，为省林业局管理的正处级事业单位。随着自然保护区机构、编制和建设经费的落实到位，广东的自然保护区建设迎来了跨越式的发展。2006 年，在中国自然保护区 50 周年纪念大会上，广东被评为全国自然保护区建设先进集体，并被国家林业局列为全国首个自然保护区建设示范省。2009 年，经广东省政府同意，省林业厅、原国土资源厅、海洋与渔业局联合印发了《广东建设自然保护区示范省实施方案（2009—2015 年）》。截至 2012 年年底，广东林业系统已建自然保护区 270 个，是全国自然保护区数量最多的省份，总面积 124. 51 万公顷，占全省面积的 6. 93%，其中，国家级自然保护区 6 个，面积 13. 14 万公顷，省级自然保护区 52 个，面积 39. 98 万公顷。

3. 启动绿道规划和建设

绿道是一种线型绿色开敞空间，通常沿着河滨、溪谷、山脊、风景道路等自然或人工廊道建立，连接主要的公园、自然保护区、风景名胜区、历史古迹和城乡居住区等，有利于更好地保护和利用自然、历史文化资源。随着我国城市化的发展，生态环境问题日益突出。为保护生态环境，部分城市于 20 世纪 90 年代开始针对绿道进行一系列的探索。

广东是我国最早进行绿道实践探索的省份之一。20 世纪 90 年代中期，广东借鉴大伦敦“环城绿带”、巴黎（大区）区域绿色规划等经验，提出全省区域绿地总体布局框架，希望在区域层面划定永久保护的绿地，并对具有重大生态、人文价值和区域性影响的绿色开敞地区进行严格保护，以守住区域的生态安全底线。[①] 2009 年 7 月出台的《中共广东省委办公厅广东省人民政府办公厅关于建设宜居城乡的实施意见》明确提出“要开展区

① 吴志才、袁奇峰：《广东绿道的发展阶段特征及运行机制探讨》，载《规划师》2015 年第 4 期，第 106 页。

域绿地划定工作，编制省立公园——珠江三角洲绿道建设规划，以维护区域生态安全”。2010 年，珠江三角洲地区率先编制《珠江三角洲绿道网总体规划纲要》，提出以珠江三角洲地区的城乡空间布局为基础，注重保护和发扬地域景观特色，协同开发区域内的自然生态资源和历史人文资源。同年，中共广东省委十届六次全会提出按照“一年基本建成，两年全部到位，三年成熟完善”的工作目标，在珠江三角洲率先推进总长约 2 000 千米的省立绿道建设。2011 年年初，珠江三角洲地区 2 372 千米长的区域绿道全线贯通，实现了“一年基本建成”的任务目标。为了推动珠江三角洲绿道网向粤东西北地区延伸，逐步构建全省互联互通的绿道网，广东省住房和城乡建设厅又牵头组织编制了《广东省绿道网建设总体规划（2011—2015 年)》，2012 年由广东省政府批复实施。

4. 加强湿地保护

湿地是自然界最富生物多样性的生态系统，是人类赖以生存和经济社会赖以持续发展的宝贵自然资源，与森林、海洋一起并称为全球三大生态系统，具有巨大的资源价值和生态效益。[①] 湿地的保护对于维护生态平衡，改善生态状况，促进人与自然和谐，实现经济社会可持续发展，具有十分重要的意义。

广东湿地资源丰富，湿地面积约占全省面积的 9.7%。广东省历来十分重视湿地资源的保护和管理，把湿地保护作为重点内容，纳入林业重点工程建设。2004 年，广东省委、省政府在《关于加快建设林业生态省的决定》中提出“全面构建国土生态安全体系，切实保护好红树林资源，尽快恢复沿海红树林湿地”。2005 年，广东省政府批准建立广东省湿地保护管理联席会议制度，确定由林业行政主管部门统一组织、协调湿地保护工作，为湿地管理建立了沟通和信息共享的平台。2006 年，广东省人大常委会通过了《广东省湿地保护条例》，为广东省湿地保护奠定了法律基础。2008 年，广东省政府批复，原则同意《广东省湿地保护工程规划

① 叶冠锋、柯亚永、张伟彬：《广东湿地保护与可持续发展》，载《湿地科学与管理》2007 年第 3 卷第 1 期，第 41 页。

（2006—2030年）》，该《规划》明确了全省湿地保护的目标、总体布局、建设任务，确定了湿地保护和恢复的重点建设工程。2010年，广东省政协将《加强湿地保护，建立重点湿地生态补偿机制》列为重点督办提案。同年，广东省开始实施湿地保护补助项目，制定了《广东省湿地生态效益补偿（试点）资金管理办法》，并选取6处湿地作为湿地生态效益补偿试点。

（三）2013—2018年：开启绿化广东新征程

党的十八大把生态文明建设纳入中国特色社会主义事业“五位一体”总体布局，明确提出大力推进生态文明建设，努力建设美丽中国，实现中华民族永续发展。习近平总书记指出，“全社会都要按照党的十八大提出的建设美丽中国的要求，切实增强生态意识，切实加强生态环境保护，把我国建设成为生态环境良好的国家”①。党的十八大以来，广东按照中央的部署要求，进一步加大生态保护力度，促进生态环境实现持续改善。

1. 新一轮绿化广东大行动

2012年，广东省委、省政府立足经济社会发展全局，做出了启动新一轮绿化广东、建设绿色生态强省的战略部署。2013年，广东省委、省政府做出《关于全面推进新一轮绿化广东大行动的决定》，提出通过10年左右的努力，将广东建设成为森林生态体系完善、林业产业发达、林业生态文化繁荣、人与自然和谐的全国绿色生态第一省。新一轮绿化广东的号角吹响以后，全省各级林业和相关部门，迅速行动、主动作为，先后组织编制了生态景观林带、森林碳汇、森林进城围城、乡村绿化美化四大重点林业生态工程规划，出台了建设森林生态“五大体系”、城市绿化工作、矿山复绿行动等6个配套实施方案。

2014年，广东省政府办公厅印发《广东省林业生态红线划定工作方案》，明确提出，林业生态红线由森林、林地、湿地、物种4条红线组成，

---

① 中共中央文献研究室：《习近平关于社会主义生态文明建设论述摘编》，中央文献出版社2017年版，第115页。

到2020年的具体目标是：森林红线——全省森林保有量不低于1.631亿亩（含非林地中的森林），森林覆盖率不低于60%，森林蓄积量达到6.43亿立方米；林地红线——全省林地保有量不低于1.632亿亩；湿地红线——全省湿地面积不低于2 630万亩；物种红线——全省森林和野生动植物类型自然保护区面积占全省面积的比例不低于6.9%。

2016年，国家林业局与广东省政府签署《率先建设全国绿色生态省合作框架协议》，提出将在国家级森林城市群建设、国土绿化、森林质量提升、林业产业发展、林业科技创新、林业基础设施建设等领域进行全方位合作。

为深入推进新一轮绿化广东大行动，充分发挥考核评价的导向、激励和约束作用，加快建成森林生态体系完善、林业产业发达、林业生态文化繁荣、人与自然和谐的全国绿色生态第一省，2016年，广东省政府修订了《广东省森林资源保护和发展目标责任制考核办法》。

2017年，广东提出“以更大力度推进新一轮绿化广东大行动”，强调各地各部门必须切实把思想和行动统一到习近平总书记系列重要讲话精神和治国理政新思想新理念新战略上来，准确把握深入推进新一轮绿化广东大行动的新形势新要求，牢固树立“绿水青山就是金山银山”的强烈意识，以林业供给侧结构性改革为主线，加快推进林业重点生态工程，不断增强生态产品和林产品供给能力，以更大力度推进新一轮绿化广东大行动，切实提升广东国土生态安全保障水平。

2. 加强自然保护区体系建设

党的十八大以后，广东重点从保护机构建设、自然保护区建设、提升管护水平等方面加强自然保护区体系建设。

（1）保护机构建设。

广东部分地市及县（市、区）相继成立了野生动植物保护专职管理部门，其余地市、县（市、区）也将相应的职能设在市、县（市、区）林业局林政科（股）等部门。同时，广州、深圳、茂名等市（县）还成立了专门的野生动物救护机构。省直有关部门进一步加强了自然保护区机构编制和人员聘用管理。

（2）自然保护区建设。

南岭、云开山、莲花山和九连山等四大山脉，内陆重要水系、湿地以及沿海主要红树林湿地等生态区位最重要、生物多样性最丰富的地区均已建立自然保护区。基本形成了一个以国家级自然保护区为核心，以省级自然保护区为骨干，以市、县级自然保护区和自然保护小区为通道的类型较齐全、布局较合理、管理较科学、效益较显著的自然保护区网络体系。

（3）提升管护水平。

2013年，广东省林业厅安排专项资金建设广东林业自然保护区监测中心，以加强自然保护区资源环境保护力度、提升管护水平作为出发点和立脚点，着力建设“一个中心，三个平台”，即数据中心、数据管理平台、数据交换共享平台、监测管护平台。目前，南岭等7个国家级自然保护区已基本完成了数字化管护平台建设，监测工作也在有序推进。①

3. 进一步加强湿地建设

2014年，广东省人民政府办公厅印发了《广东省林业生态红线划定工作方案》，规定了广东省湿地红线：全省湿地面积不低于175.34万公顷；保持现有湿地数不减少，各级湿地自然保护区和湿地公园得到有效保护，维护全省淡水资源安全。

湿地公园建设是生态建设的重要组成部分，是湿地保护的重要方式。2014年，广东省政府颁布实施了《广东省森林公园和湿地公园建设规划（2013—2017年）》，提出在12个湿地公园的基础上，至2017年规划期末建设湿地公园168个，其中2013—2015年98个，2016—2017年70个。

2015年，广东省人民政府办公厅印发了《关于大力构建湿地生态保护系统体系加快珠江三角洲地区绿色生态水网建设的意见》，意见指出，到2017年，广东省要完成1 185万亩湿地生态红线划定工作，建成各类湿地公园100个，水网湿地保护率达50%以上，湿地生态功能得到改善，景观得以提升；到2020年，建成各类湿地公园155个以上，水网湿地保护

① 佚名：《广东自然保护区：建设多个“第一”铸辉煌》，载《同舟共进》2016年第9期，第93页。

率达到85%以上。

为贯彻落实《国务院办公厅关于印发湿地保护修复制度方案的通知》要求，进一步强化广东湿地保护和恢复，2017年11月，经广东省政府同意，《广东省湿地保护修复制度实施方案》印发实施。结合广东实际，《广东省湿地保护修复制度实施方案》明确提出实行湿地面积总量管控，加快湿地生态系统修复，完善湿地保护体系，确保全省湿地面积不减少，湿地生态功能进一步增强。到2020年，全省湿地面积不低于2 630万亩；全省建成湿地公园280个以上，其中珠江三角洲地区建成湿地公园155个以上、乡村小型湿地2 000个以上，全省湿地保护率提高到52%以上。县级以上人民政府对本行政区域内湿地保护负总责，政府主要领导成员承担主要责任，将湿地面积、湿地保护率、湿地生态状况、湿地保护管理工作力量等保护成效指标纳入本地区生态文明建设目标评价考核等制度体系。需要占用或征用湿地的，应当经批准后按照“先补后占、占补平衡”的原则，在湿地保护管理相关部门指定的地点恢复同等面积和功能的湿地。同时，还明确了湿地保护分级体系、湿地保护目标责任制、强化湿地用途监管、建立退化湿地修复制度、建立健全湿地监测评价体系、完善湿地保护修复保障机制等6项重点工作。

二、广东生态修复与建设的主要成就

改革开放40年来，作为生态文明建设先行者，广东在生态建设和生态修复方面取得了瞩目的成就，成为支撑广东绿色发展的脊梁。

（一）生态资源数量质量双增长

改革开放40年来，广东省生态资源总体上实现了良性发展，质量和数量均稳步提升。

1. 林业方面

（1）森林资源持续增长。

改革开放40年来，广东的林地面积、森林覆盖率和活立木蓄积量均有了很大的改善（见表4－1）。全省林地面积从1978年的1 051.8万公顷增加到2016年的1 087.9万公顷，增加了36.1万公顷；森林覆盖率从1978年的30.2%增加到2016的59%，增长了1.9倍；活立木蓄积量从1978年的1.44亿立方米增加到2016年的5.79亿立方米，增长了4倍。

表4-1　1978—2016年广东省森林资源主要指标

年份	林地面积/万公顷	森林覆盖率/%	活立木蓄积量/亿立方米
1978	1 051.8	30.2	1.44
1995	1 084.8	55.9	2.73
1997	1 083.8	56.6	2.91
1998	1 082.8	56.6	2.30
1999	1 082.0	56.8	3.08
2000	1 077.6	56.9	3.16
2001	1 082.5	57.1	3.29
2002	1 083.5	57.2	3.39
2003	1 082.1	57.3	3.51
2004	1 081.8	57.4	3.67
2005	1 097.3	55.5	3.61
2006	1 086.8	55.9	3.79
2007	1 100.6	56.3	4.03
2008	1 099.7	56.3	4.00
2009	1 099.1	56.7	4.18
2010	1 098.1	57.0	4.40
2011	1 097.3	57.3	4.63
2012	1 097.2	57.7	4.92
2013	1 096.7	58.2	5.24
2014	1 080.0	58.7	5.47
2015	1 080.0	58.9	5.66
2016	1 087.9	59.0	5.79

数据来源：相关年份《广东统计年鉴》。

（2）森林质量不断提高。

改革开放40年来，广东的森林林种结构不断优化，生态公益林的比例逐年增加。“十二五”期间，广东的国家级公益林增加69.4万公顷，省级生态公益林增加96.88万公顷，省级以上生态公益林面积达480.8万公顷，占林业用地面积比例由2010年的35.3%提高至43.9%，生态公益林一、二类林比例达82.7%。

（3）林业产业实现了持续稳定发展（见表4－2）。

以森林资源培育为主的第一产业实现了多元化发展，以林产品加工业为主的第二产业实现了稳定增长，以森林生态旅游为代表的第三产业已初具规模。从产业结构看，广东省林业三产结构持续优化，其中以林业旅游和休闲服务为主体的第三产业在总体产值中的占比逐年提高。

表4－2　广东省2010—2016年林业产业产值变化

年份	林业产业总产值/元	第一产业产值/元	第一产业占比/%	第二产业产值/元	第二产业占比/%	第三产业产值/元	第三产业占比/%
2010	28 021 600	3 790 800	13.53	23 781 100	84.87	449 700	1.60
2011	33 281 000	4 446 400	13.36	28 217 500	84.79	617 100	1.85
2012	46 811 594	5 312 276	11.35	32 560 127	69.60	8 939 191	19.10
2013	55 826 252	6 814 228	12.20	38 607 955	69.20	10 404 069	18.60
2014	64 877 488	7 836 177	12.10	44 671 221	68.90	12 370 090	19.10
2015	71 500 458	8 253 893	11.50	48 281 531	67.50	14 965 034	20.90
2016	76 957 147	8 830 361	11.50	50 227 583	65.30	17 899 214	23.30

数据来源：2010—2016年广东省林业综合统计年报分析报告。

2. 生态资源保护

至2017年年末，广东省共建成各级各类自然保护区380个，是全国自然保护区数量最多的省份。其中国家级15个、省级63个、市县级302个；按隶属系统分，林业系统290个、海洋渔业系统79个、国土资源系统6

个、农业系统1个、中科院系统1个、未确定类型及隶属关系的3个。广东自然保护区的陆地管护总面积133.71万公顷，约占全省陆地面积的7.42%；海洋管护面积36.68万公顷。其中，国家级野生动植物保护区8个，实有保护小区面积21.8万公顷。

（二）生态修复初见成效

“良好生态环境是人和社会持续发展的根本基础。要实施重大生态修复工程，增强生态产品生产能力，推进荒漠化、石漠化综合治理，扩大湖泊、湿地面积，保护生物多样性。”① 广东省将生态修复作为广东生态建设的重要内容，先后实施了岩溶石漠化地区综合治理、沙化耕地整治、湿地保护等工程，已初见成效。

1. 岩溶地区石漠化综合整治

广东的石漠化土地面积主要分布在乐昌市、阳山县、英德市、乳源县和阳春市。其中乳源县、乐昌市、阳山县和英德市是国家石漠化综合治理试点。“十二五”期间，乐昌市、乳源县岩溶地区石漠化综合治理工程综合治理岩溶面积311.34公顷，封山育林6 836.2公顷，人工造林1 727.6公顷；英德市、阳山县岩溶地区石漠化综合治理工程综合治理岩溶面积60.15公顷，封山育林3 087.5公顷，人工造林162.8公顷。通过石漠化治理，全面遏制岩溶地区石漠化趋势，使已经石漠化地区的生态系统得到逐步恢复或重建。②

2. 沙化土地整治

根据第五次全省沙化土地监测结果，2014年广东省沙化土地面积53 819.61公顷，与2009年第四次沙化监测结果（100 252.93公顷）相比，沙化土地面积减少了46 433.32公顷，减幅为46.3%。其中：流动沙地减少1 314.24公顷，降低了39.0%；半固定沙地减少794.50公顷，降

---

① 中共中央文献研究室：《习近平关于社会主义生态文明建设论述摘编》，中央文献出版社2017年版，第46页。

② 邓鉴锋：《广东林业生态文明建设战略研究》，中国林业出版社2015年版，第37页。

低了74.2%；固定沙地减少10 309.32公顷，减幅为24.0%；沙化耕地减少33 960.62公顷，减幅为64.3%；非生物治沙工程地减少54.46公顷，减幅为100%。沙化土地植被覆盖度整体增加，主要表现在50%以上植被覆盖度的沙化土地的占比明显增加，植被覆盖度在50%以上的沙化土地面积比例由88.45%提高至92.07%。[①]

3. 湿地保护

建设湿地自然保护区是保护湿地最积极、最直接、最有效的措施，广东将建立湿地自然保护区作为抢救性保护的关键举措，在具有特殊保护意义、重要生态价值、经济价值和重大科学文化价值的湿地区域建立湿地自然保护区，让更多的自然湿地纳入保护管理的范围。至2016年年底，广东已建立国际重要湿地4处，湿地自然保护区94个，其中国家级7个、省级11个，占全省湿地总面积的44.6%。通过湿地自然保护区建设，抢救性地保护了省内绝大部分的重点湿地资源。

（三）生态创建走在全国前列

1. 创建国家森林城市

创建“国家森林城市”是加强城市生态建设，创造良好人居环境，弘扬城市绿色文明，提升城市品位，促进人与自然和谐，构建和谐城市的重要载体。截至2017年10月，全国共计137个城市被授予“国家森林城市”称号。[②] 广东省先后有14个城市加入了创建国家森林城市的行列，森林城市建设由单个向群体、由珠江三角洲向粤东西北、由单层次向高度融合等方向发展，森林城市建设的内涵和外延不断拓展。目前，广州、惠州、东莞、珠海、肇庆、佛山、江门7个城市已成功创建国家森林城市，深圳、中山、汕头、梅州、茂名加快了创建步伐，潮州、阳江2市创建国家森林城市工作已获国家林业局备案。

---

① 姚立严：《广东省第五次沙化监测成果分析》，载《南方林业科学》2016年第44期第4卷，第43－47页。

② 参见焦玉海《承德等19城获“国家森林城市”称号》，载《中国绿色时报》2017年10月11日第1版。

2. **创建省级林业生态市（县）**

广东省政府于2003年正式批准实施《广东省创建林业生态县实施方案》，这是广东林业生态建设的一项战略性举措。至“十二五”末，广东共有14个地级市获省政府授予的“广东省林业生态市”称号，101个县（市、区）获“广东省林业生态县”称号。

3. **创建省级生态公益林示范区**

广东省建设省级生态公益林示范区的目的是在示范区逐步实现“林分质量提升，保护管理规范，经营利用合理”，使之成为展示广东省生态公益林建设成果的阵地，探索经营管理模式的试验田，开展森林生态效益监测的基地，宣传生态文明的窗口，生态旅游休闲度假的胜地，广东最美森林的典范。① 从2013年开始，广东已经建设了107个省级生态公益林示范区②，成为展示全省生态建设成果的重要窗口。

（四）基础保障能力实现提升

改革开放40年来，广东财政、科技在支持生态建设方面的投入有了很大的提升。

1. **财政保障能力**

“十二五”期间，各级财政对广东省林业建设的投入达351.07亿元。其中：中央和省级财政投入220.41亿元（中央财政投入64.11亿元，省级财政投入156.30亿元），比“十一五”增长156%。林业融资能力不断增强，累计落实林业贴息贷款36.86亿元，争取中央和省级财政贴息2.08亿元。森林保险工作稳步推进，森林保险实施范围占全省森林面积的73%，年投入保费9 000多万元，获得保险保障250多亿元。

2. **科技支撑能力**

科技支撑能力明显增强。“十二五”期间，广东加快完善科技创新平

---

① 邓战彪：《广东省连山林场生态公益林示范区建设技术措施与效益分析》，载《安徽农学通报》2016年第22卷第14期，第127－128页。

② 习近平：《干在实处，走在前列：推进浙江新发展的思考与实践》，中共中央党校出版社2006年版，第190页。

台建设，建有省部级重点实验室3个、省级以上生态定位研究观测站点21个、国家林业局工程技术研究中心3个和省部级林产品质检中心（站）2个。启动建设南方森林标本馆和林木检验检测基地；建成广东林木种质资源库；完善东江省级林业科研试验示范基地，肇庆北岭山、大南山等综合性林业科研试验示范基地建设。

加速科技成果的转化应用，制定发布广东省地方标准95项，大力开展林业科技推广和标准化示范，建立各类示范基地1.2万公顷。举办科技下乡和咨询服务活动1 000多场（次），培训技术人员和林农4万多人（次）。全省共取得林业科技成果100多项，获国家科技进步奖2项、省部级科学技术奖35项，省农业技术推广奖40项。科技成果转化率达70%，科技进步贡献率达55%。

三、广东生态修复与建设的基本经验

伴随着改革开放的历程，40年来，广东省生态建设理念一脉传承、持续探索，走出了一条用理念推升意识、用意识催生创新、用创新指导实践、用实践惠泽民生的生态建设新路径。

（一）坚持绿色发展，把生态建设摆在突出的战略位置

发展理念具有战略性、纲领性和引领性，是发展思路、发展方向、发展着力点的集中体现。“绿水青山就是金山银山”，良好的生态环境不仅是经济发展的基础条件，也是长期持续发展的前提，“生态环境是资源，是资产，是潜在的发展优势和效益”“良好的生态环境是人和社会经济持续发展的根本基础。蓝天白云、青山绿水是长远发展的最大本钱”[①]；“破坏生态环境就是破坏生产力，保护生态环境就是保护生产力，改善生态环境就是改善生产力”[②]。伴随着改革开放的进程，40年来，广东在实践中不

---

① 中共中央宣传部：《习近平系列重要讲话读本》，学习出版社、人民出版社2014年版，第209页。

② 习近平：《干在实处，走在前列：推进浙江新发展的思考与实践》，中共中央党校出版社2006年版，第186页。

断拓展和强化绿色发展理念，绿色发展的思路越来越清晰。

“森林是陆地生态系统的主体和重要资源，是人类生存发展的重要生态保障。不可想象，没有森林，地球和人类会是什么样子。”①“森林关系国家生态安全。要着力推进国土绿化，坚持全民义务植树活动，加强重点林业工程建设，实施新一轮退耕还林。要着力提高森林质量，坚持保护优先、自然修复为主，坚持数量和质量并重、质量优先，坚持封山育林、人工造林并举。要完善天然林保护制度，宜封则封，宜造则造，宜林则林，宜灌则灌，宜草则草，实施森林质量精准提升工程。要着力开展森林城市建设，搞好城市内绿化，使城市适宜绿化的地方都绿起来。搞好城市周边绿化，充分利用不适宜耕作的土地开展绿化造林；搞好城市群绿化，扩大城市之间的生态空间。要着力建设国家公园，保护自然生态系统的原真性和完整性，给子孙后代留下一些自然遗产。要整合设立国家公园，更好保护珍稀濒危动物。”② 正是在这些理念的指导下，才有了从“十年绿化广东”到“生态立省”到“新一轮绿化广东”到“率先建设全国绿色生态第一省”这40年坚定不移绿化广东的坚守。

（二）加强体制机制建设，为生态建设提供制度保障

改革开放40年来，广东不断加强生态建设管理的体制机制建设，为生态建设提供了重要的制度保障。在自然保护区建设之初，广东省成立了自然保护区区划领导小组，后经广东省机构编制委员会批准，成立了广东省自然保护区管理办公室；在湿地保护管理方面，广东省政府批准建立广东省湿地保护管理联席会议制度；在林业管理方面，2012年，广东省林业局正式更名为广东省林业厅，由广东省政府直属机构调整为省政府组成部门。深圳市正式设立林业局，由深圳市城管局加挂林业局牌。一批市（县、区）在机构改革中恢复林业局。全省林业职能得到进一步强化，加

---

① 中共中央文献研究室：《习近平关于社会主义生态文明建设论述摘编》，中央文献出版社2017年版，第115页。

② 中共中央文献研究室：《习近平关于社会主义生态文明建设论述摘编》，中央文献出版社2017年版，第70－71页。

强了对林业改革发展的组织、协调、指导、监督，确保顺利完成省委、省政府确定的林业建设目标任务。

广东省林业厅坚持挂点督导示范带动，建立重点生态工程建设领导挂点联系制度；各级党委、政府主要领导、分管领导和林业局局长兴办造林绿化示范点，以点带面，整体推进重点生态工程建设。同时，在40年的生态建设中，广东还先后出台了《广东省森林保护管理条例》《广东省森林和野生动物类型自然保护区管理实施细则》《广东省湿地保护条例》等重要的地方性法规。

（三）注重工程带动，确保了生态建设真正落到实处

在推动生态建设过程中，广东始终将重大生态工程作为建设的重要抓手，确保了绿色建设战略的真正落实。

《中共广东省委广东省人民政府关于全面推进新一轮绿化广东大行动的决定》中提出：坚持以大工程推进新一轮绿化广东大行动，着力增强森林碳汇能力，打造森林生态景观，优化城市森林生态，实现我省生态建设大发展、大提升。提出以森林碳汇、生态景观林带、森林进城围城、乡村绿化美化四大重点林业生态工程为载体，构建北部连绵山体森林生态屏障体系，珠江水系等主要水源地森林生态安全体系、珠江三角洲城市群森林绿地体系、道路林带与绿道网生态体系、沿海防护林生态安全体系等五大森林生态体系。

“十三五”时期，广东进一步强化用工程带动生态建设发展，提出了11项重点工程：珠三角国家森林城市群建设工程、雷州半岛生态修复工程、森林资源保护工程、森林可持续经营工程、湿地保护与恢复工程、重点区域生态治理工程、野生动植物保护和自然保护区建设工程、绿色生态产业建设工程、生态文化宣教示范工程、林业基础设施及能力建设工程、智慧林业建设工程。①

① 参见广东省林业厅《广东省林业发展“十三五”规划》，见广东省林业厅网（https://www.gdf.gov.cn/index.php?controller=front&action=view&id=10031989）。

（四）推动形成了共享共建的生态建设格局

让老百姓共享共建林业发展与生态建设的成果，是广东生态建设得以长足发展的关键。尤其是近年来，城市森林建设被纳入城市发展的重要内容，生态工程被列入广东省委的工作要点和政府的“十大民生工程”之一；广东率先在“广东扶贫济困日”组织开展扶贫济困林认捐认种活动，筹集7 000多万元帮助贫困山区消灭宜林荒山，增加农民绿色财富；广东集体林权制度改革稳步推进，已基本完成了林权改革任务，探索出“明晰产权、量化到人、家庭承包、联户合作、规模经营”的具有广东特色的林改新路，明晰了山林权属，确立了农民的经营主体地位。此外，广东还实现了林业分类经营的重大变革，建立健全了生态公益林补偿制度。这一系列举措使广东省森林资源快速增长、林业产值不断提高。

第五章　广东的环境保护

习近平总书记指出，保护环境就是保护生产力，改善环境就是发展生产力。① 要正确处理经济发展和生态环境保护的关系，像保护眼睛一样保护生态环境，像对待生命一样对待生态环境，坚决摒弃损害甚至破坏生态环境的发展模式，坚决摒弃以牺牲生态环境换取一时一地经济增长的做法，让良好生态环境成为人民生活的增长点、成为经济社会持续健康发展的支撑点、成为展现我国良好形象的发力点，让中华大地天更蓝、山更绿、水更清、环境更优美。② 改革开放40年来，广东经济发展取得了辉煌成就，从一个农业省一跃成为全国经济第一大省，经济发展和环境保护的关系历经矛盾不断凸显、爆发、缓和与走向协调等过程，环境质量也由改革开放初期的"全国污染黑点"变成现在享誉全国的"广东蓝"。可以说，改革开放40年的广东环境保护之路，也是中国这个传统制造业大国崛起过程中不断改善人与自然关系历程的"缩影"。

一、广东环境保护的基本历程

改革开放之后，随着工业化和城镇化速度加快，广东不断遭遇环境污染问题，并曾一度陷入严重的环境危机。但是，通过不断汲取"先污染、

---

① 习近平：《中国发展新起点 全球增长新蓝图——在二十国集团工商峰会开幕式上的主旨演讲》，见新华网（http://www.xinhuanet.com/world/2016-09/03/c_129268346.htm）。

② 新华社：《习近平在中共中央政治局第四十一次集体学习时强调 推动形成绿色发展方式和生活方式 为人民群众创造良好生产生活环境》，载《人民日报》2017年5月28日第1版。

后治理”的教训，广东不断加强污染治理和环境保护体系建设，逐步使经济增长和污染排放脱钩，初步实现了经济发展与环境保护的“双赢”。

（一）1978—1991 年：污染加剧、环境恶化

1983 年，第二次全国环境保护会议把保护环境确立为基本国策。1984 年 5 月，国务院做出《关于环境保护工作的决定》，环境保护开始纳入国民经济和社会发展计划。1988 年设立国家环境保护局，成为国务院直属机构。地方政府也陆续成立环境保护机构，环境保护工作开始真正系统开展。

在这一时期，广东经济处于起步期，经济增长方式十分粗放，突出表现为“三高一低”，即高投入、高消耗、高污染和低效益。粗放式经济发展模式对广东生态环境造成了较大负面影响，无规制的经济活动使大气中可吸入颗粒物和扬尘等污染物的数量急剧增加，广东成了我国大气污染较为突出的地区之一，特别是珠江三角洲地区大气污染尤为突出。全省环境形势严峻，环境承载能力容量受限，主要河流普遍受到污染，包括佛山、广州等在内许多城市空气污染严重，高强度酸雨频率甚至在 50% 以上，属于全国高发地区。土壤污染面积扩大，近岸海域污染加剧，核与辐射环境安全存在隐患。除此之外，生态破坏也较为严重，水土流失量大面广，石漠化、林地退化加剧，生物多样不断减少，生态系统功能退化。总体上，发达国家上百年工业化过程中分阶段出现的环境问题，在广东改革开放初期不到 20 年便集中、密集出现，呈现结构型、复合型、压缩型的特点。

同时，在这一时期，政府、企业和社会普遍环境保护意识淡薄，系统的环境规制在这一时期未建立，地方政府大多存在“重 GDP 增长、轻环境保护”的现象，“一切为经济让路”是这一时期的主要特点。环境保护的法制不健全，且有法不依、执法不严现象较为突出；环境保护机制不完善，投入不足，污染治理进程缓慢，市场化程度偏低；环境管理体制未完全理顺，环境管理效率不高；监管能力薄弱，广东环境监测、信息、科技、宣教和综合评估能力不足。

“饱起来、富起来”是这一时期经济社会发展的主要任务，污染物排放总体上处于放任状态，在以经济为中心的发展中，有限的环境管制措施沦为“摆设”，造成广东在这一时期过多地透支了生态环境资源，给生态环境造成了巨大负面影响。环境污染诱发的负面影响一方面已危及群众身体健康，影响社会稳定和经济安全；另一方面也为广东经济社会可持续发展埋下重大隐患。

（二）1992—2001 年：末端治理、严控污染

1992 年联合国环境与发展大会 2 个月之后，党中央、国务院发布《中国关于环境与发展问题的十大对策》，把实施可持续发展确立为国家战略。1994 年 3 月，我国率先制定实施《中国 21 世纪议程》。1996 年，国务院召开第四次全国环境保护会议，发布《关于环境保护若干问题的决定》，大力推进“一控双达标”（控制主要污染物排放总量、工业污染源达标和重点城市的环境质量按功能区达标），全面开展“三河”（淮河、海河、辽河）“三湖”（太湖、滇池、巢湖）水污染防治，“两控区”（酸雨污染控制区和二氧化硫污染控制区）、大气污染防治、一市（北京市）、“一海”（渤海）的污染防治（简称“33211”工程）。1999 年，四川、陕西、甘肃 3 省率先开展了退耕还林试点，从 2000 年开始，在水土流失严重的水蚀区和风蚀区正式实施退耕还林还草工程，全国环境保护开始系统性地推进。

在这一时期，广东面对错综复杂的国际环境和亚洲金融危机的严峻考验，克服困难，推动了全省经济稳步发展和社会全面进步。产业结构进一步调整，第一产业比重继续下降，第二产业、第三产业比重上升，工业在国民经济中的主导地位进一步加强，继续成为拉动经济增长的主导力量。工业内部，支柱工业的比重继续增大，传统产业的比重相应下降，有潜力的产业发展势头良好。随着电子、石化、机械等行业的崛起，重工业的增长开始快于轻工业的增长，重工化趋势明显。经济规模的持续扩张和重化工业的趋势进一步加重了广东环境治理的压力，能源消费总量和污染物排放总量在这一时期仍保持较大幅度增长，给自然环

境本底带来了强大生态压迫。

为进一步缓解经济社会发展的环境约束，广东环境保护工作开始由先期的以末端治理为主，逐步转向过程治理、全面治理为主的阶段。1997年，广东正式实施《广东省碧水工程计划》，启动了江河湖库治理、城市工业生活污水处理、水质保护法规建设等一大批重点治水项目，总投资约200亿元。2000年，广东开始实施《广东省蓝天工程计划》，提出了实施大气污染物排放总量控制、加强城市大气环境综合整治、加强重点工业污染源治理、控制机动车排气污染、逐步停止生产和销售消耗臭氧层的物质、加强大气环境科学研究六大攻坚任务。在这一时期，城市环境综合整治和创建国家环保模范城市等活动全面开展，城市大气、水、噪声和固体废物污染防治工作持续推进；空气综合污染指数有所下降，全省主要江河水质遏制住了下降的趋势，流经城市的主要河段中深圳河段、广州河段等原来有机污染严重的河流有了一定的改善；全面开展“一控双达标”工作，工业污染防治结合产业、产品结构调整，贯彻落实各项污染防治政策和措施，对污染严重企业实行关停并转迁或限期治理，污染防治工作取得了实质性进展。

广东环境保护的体制机制日益完善，环境保护制度体系逐步健全。省人大常委会颁布了《广东省实施〈中华人民共和国环境噪声污染防治法〉办法》《广东省珠江三角洲水质保护条例》《广东省机动车排气污染防治条例》，批准了广州等市9项地方性环保法规，逐步形成了具有广东特色的地方性环保法规体系框架，为广东省环境保护提供了法律依据。

总体来看，该阶段是广东环境保护工作取得巨大成效的时期，系统性、制度性的环境保护政策工具开始创设并逐步完善，由经济发展产生的环境负外部性给经济社会带来的影响日益受到关注，环境保护工作开始作为重点问题进入领导干部视野。但同时也应该看到，经济快速发展带来的污染累积效应日益凸显，由于环境治理能力的滞后，重点区域环境污染问题仍未得到根本性解决，污染扩散仍在不可避免地发生，环境质量呈现出局部性、波动性改善。“边污染边治理”是这一时期的主要特点。

（三）2002—2012 年：全面治理、局部改善

党的十六大之后，党中央、国务院提出树立和落实科学发展观、构建社会主义和谐社会、建设资源节约型环境友好型社会、让江河湖泊休养生息、推进环境保护历史性转变、环境保护是重大民生问题、探索环境保护新路等新思想新举措。2002 年、2006 年和 2011 年国务院先后召开第五次全国环保大会、第六次全国环保大会、第七次全国环保大会，做出一系列新的重大决策部署，把主要污染物减排作为经济社会发展的约束性指标，完善环境法制和经济政策，强化重点流域区域污染防治，提高环境执法监管能力，环境保护工作进入到全新阶段。

在这一时期，广东全面贯彻落实科学发展观，大力加强生态环境保护工作，全力推进污染减排，不断加大环境综合整治力度，强化环境监管，把环境保护工作提升到前所未有的高度。在 GDP 连续实现两位数增长的情况下，全省二氧化硫和化学需氧量排放总量持续下降，全省环境质量总体保持稳定，主要江河和珠江三角河网干流水道水质优良，全省 21 个地级以上市除广州、深圳外，其余 19 个城市饮用水水源水质完全达标；近岸海域水质大部分满足功能区要求；所有地级以上市空气质量均达到国家二级标准；城市降水质量稳定，但酸雨污染仍然严重；城市声音环境、全省辐射环境和生态环境质量状况保持稳定。

在这一时期，广东开始逐步实施环境优先的战略，环境规制对产业结构的优化作用日益显现。2012 年，广东颁布《广东省主体功能区规划》，对各主体功能区的发展定位，以及人口、产业、交通、生态、能源布局做出了明确指引，将全省国土空间分为以下主体功能区：按开发方式，分为优化开发、重点开发、生态发展和禁止开发 4 类区域；按开发内容，分为城市化地区、农产品主产区和重点生态功能区。

在这一时期，广东积极推进石化、钢铁、电力等重点行业规划环境影响评价工作，引导石化、电源建设等项目布局在大气环境容量相对充裕的粤东西北地区，引导产业合理布局。推动电镀、印染、鞣革等重污染行业入园进区，严格建设项目环境管理，对不符合法律法规、不满足区域环境要求的建设项目一律不予审批。[①]《珠江三角洲地区改革发展规划纲要（2008—2020 年）》《珠江三角洲环境保护一体化规划（2009—2020 年）》等重大战略规划也在这一时期顺利实施。

总体来看，全面治理环境污染是这一时期的主要特点，环境保护成为政府进行经济决策的重要考量因素，这一时期也是广东污染物排放量最大、环境治理压力最大、公众环境需求最高涨、环境保护投入力度最强、基础设施建设规模最大的阶段，大规模、系统性的环境保护活动在全省广泛开展。在强环境规制力度下，珠江三角洲部分地市环境质量呈现好转，全省环境保护工作的有效开展在一定程度上缓解了环境对经济发展的约束。

（四）2013—2018 年：环保优先、质量改善

党的十八大将生态文明建设纳入中国特色社会主义事业总体布局，把生态文明建设放在突出地位，要求融入经济建设、政治建设、文化建设、社会建设各方面和全过程，努力建设美丽中国，实现中华民族永续发展，走向社会主义生态文明新时代。这是具有里程碑意义的科学论断和战略抉择，昭示着要从建设生态文明的战略高度来认识和解决我国环境问题。

党的十八大以来，在广东省委、省政府的领导下，全省深入贯彻落实中央决策部署，在保持经济稳中向好发展的同时，坚持"绿水青山就是金山银山"的发展理念，经济发展和环境保护的协调程度日益增强，逐步实现了美丽与发展共赢。广东先后印发了《广东省人民政府办公厅关于改善农村人居环境的意见》《加快推进粤东西北地区新一轮生活垃圾和污水处理基础设施建设实施方案》《关于加快农村人居环境综合整治建设美丽乡村三年行动计划》《广东省农村环境保护行动计划（2011—2013）》《广东省农村环境保护行动计划（2014—2017）》等系列文件，逐步加强了粤东西北和农村地区的环境保护工作。在这一时期，广东积极落实中央第四环保督察组督察反馈意见，明确了责任主体和整改目标、措施及时限要求，印发了《广东省生态环境保护工作责任清单》，切实把环保责任落实到单

① 参见广东省人民政府办公厅《广东省环境保护和生态建设"十二五"规划》，2011 年 7 月。

位、落实到岗、落实到人，把环保压力及时有效传导到位，形成了严厉打击环境违法行为的高压态势。在这一时期，广东启动了污染防治攻坚战，实施了《广东省打好污染防治攻坚战三年行动计划（2018—2020年）》，提出要坚决打赢蓝天保卫战，打好水源地保护、劣V类水体消除、城市黑臭水体治理、高污染高排放行业企业淘汰、农业农村污染治理、柴油货车污染治理等7场标志性“战役”。

总体来看，环境保护优先是这一时期的主要特点，环境保护成为政府进行经济决策的优先考量因素。先前大规模、全面的环境治理，以及环保优先战略逐步获得了回报，以“广东蓝”为代表的大气环境质量享誉全国，环境保护的形势开始由污染物总量减排到环境质量改善过渡。这一时期广东环境保护工作的特征可以用“四个空前”来描述：一是治理的力度空前。这一时期，广东采取了更加严格的环境规制措施，治理的手段日益多元化，治理的力度空前。2016年6月，广州市南沙区环保局对某企业违法排污拒不整改的行为实施了按日连续处罚，共计罚款549万元，成为新环保法实施以来广东处罚金额最高的环境行政处罚案件。2017年，全省共检查排污企业36.92万家次，处罚案件20 348宗、罚没金额10.65亿元，居全国第二。二是涉及的广度空前。生态建设和环境保护涉及的范围和领域逐步扩大，将过去想解决而没有解决、过去未呈现而现在日益突出的环境难题提上日程，环境治理涉及的范围和领域日益扩大。三是改革的深度空前。在这一时期，广东积极建立有利于环境外部成本内化的制度设计，努力构建产权清晰、多元参与、激励约束并重、系统完整的环境保护制度体系。四是取得的效果空前。在这一时期，广东环境质量改善程度之大前所未有。2016年全省平均灰霾天数降至1989年以来最少，珠江三角洲地区空气质量继续在3大重点防控区中保持“标杆”，全省空气质量优良天数（达标天数）比例达到92.7%。[①] 全省地级城市供水饮用水水源水质达标率为98.7%，县级饮用水水源水质达标率为97.5%，全省71个国控地表水断面水质优良率80.3%。

---

① 广州日报评论员：《绿色发展守住南粤绿水青山》，载《广州日报》2017年5月23日。

二、广东环境保护的主要成就

习近平总书记指出，生态环境保护是功在当代、利在千秋的事业。要清醒认识保护生态环境、治理环境污染的紧迫性和艰巨性，清醒认识加强生态文明建设的重要性和必要性，以对人民群众、对子孙后代高度负责的态度和责任，真正下决心把环境污染治理好、把生态环境建设好，努力走向社会主义生态文明新时代，为人民创造良好生产生活环境。①

改革开放40年来，在经济社会快速发展过程中，广东不断应对涌现的生态环境挑战，环境保护取得了诸多成就。特别是党的十八大以来，广东先前努力的环境治理开始在这一时期产生积极效果，污染物排放总量得到有效控制，生态环境开始步入“拐点”期；大气环境质量在重点地区开始呈现根本性的转变，“广东蓝”享誉全国；水环境和土壤环境治理成效显著，农村农业污染得到有效控制，生态环境保护制度体系基本建立。

（一）排污总量得到有效控制

广东在GDP总量连续29年稳居全国首位的同时，全省生态环境质量实现总体改善，主要污染物排放增长速度远低于人均GDP的增长。1985—2016年的31年间，广东人均GDP增长21.56倍，而废水排放量、生活污水排放量、工业废水排放量、二氧化硫排放量和工业废气排放量仅分别增长了4.81倍、11.78倍、1.04倍、1.24倍、21.71倍，总体上创造的经济福利远大于污染物排放（见图5－1）。

当前，广东总体上仍处于“环境库兹涅茨倒U形曲线”的左侧并接近拐点的区间，即伴随着人均收入的增长，多数污染物排放量总体上仍处于上升态势。1985—2016年，除少数污染物外，大多数污染物排放总量仍在继续增加，并处于历史高位区间。其中，二氧化硫排放总量在2005年达到了峰值，并在2006年之后步入了稳步下降的区间，但废水、工业废气、固体废

---

① 中共中央文献研究室：《习近平关于社会主义生态文明建设论述摘编》，中央文献出版社2017年版，第7页。

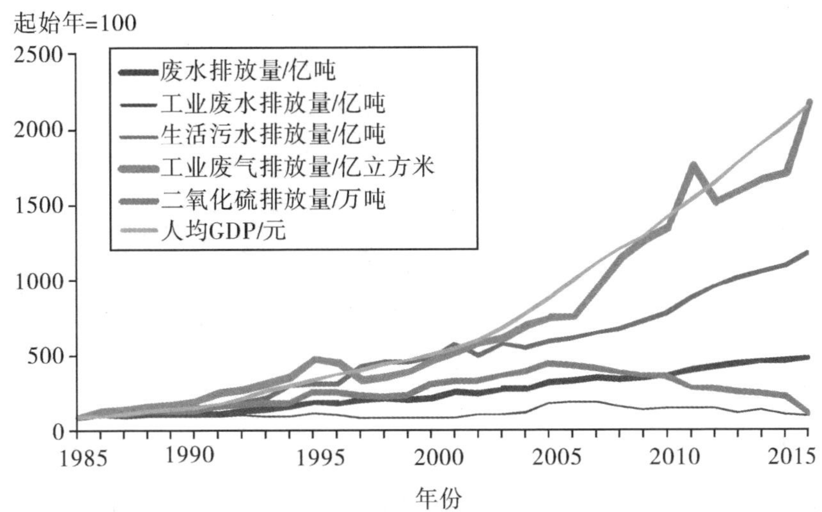

图5－1　1985—2016年经济增长与污染物排放量增长的关系

数据来源：相关年份《广东统计年鉴》。

注：人均GDP按1978年不变价计算。

物等污染物排放量仍处于高位（见图5－2）。按照"十三五"时期人均GDP 7%的增长速度，到2020年，广东人均GDP将增长至1.1万美元（2010年美元不变价，相当于1990年不变价的约7800美元），到2030年，广东人均GDP将增长至1.9万美元（相当于1990年不变价的约1万美元）。根据发达国家的历史经验，此期属于多数污染物排放的峰值期，意味着多数污染物排放总量有望相继达到峰值，跨越"拐点"步入下降通道。

部分污染物排放拐点先后到来，如烟尘粉尘、二氧化硫等污染物排放拐点先后到来，之后即处于下降态势。值得注意的是，氨、挥发性有机物等污染物排放仍处于快速上升态势，生活废水、固体废物等污染物排放量也处于较快上升阶段，叠加起来，大多数污染物排放仍处于历史高位。就广东而言，尽管大多数污染物排放总量仍处于历史最高位，但主要污染物排放在近几年已呈现下降态势，排污总量有望得到有效控制。

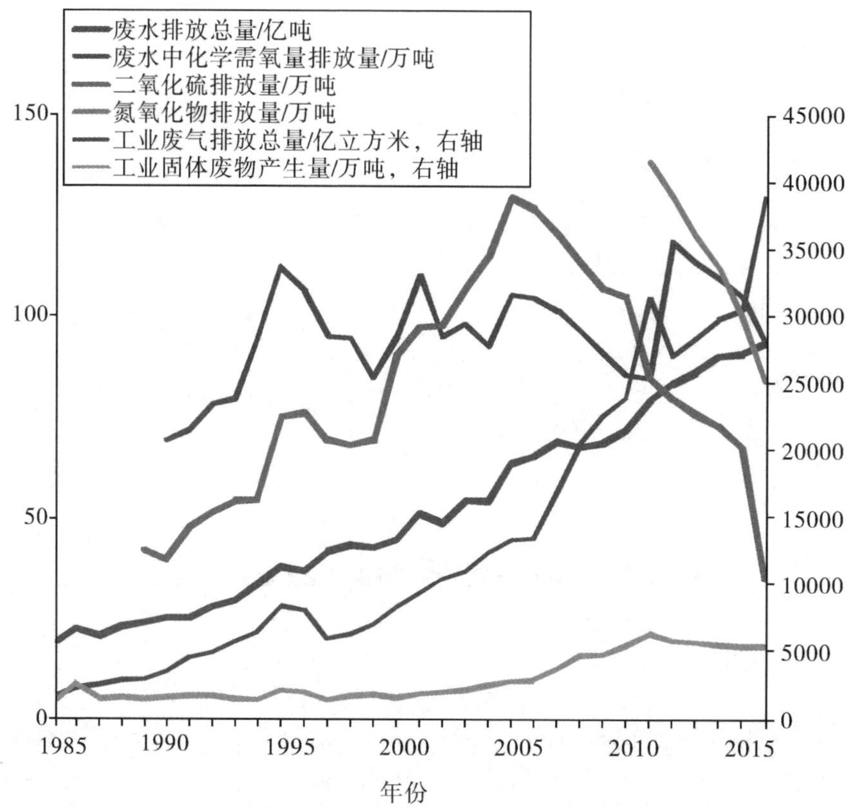

图 5－2　1985—2016 年广东主要污染物排放总量变化

数据来源：相关年份《广东统计年鉴》。

（二）大气环境质量改善明显

广东大气环境总体呈明显改善的趋势，大气环境质量主要指标均为近 20 年的最优值。截至 2016 年，广东二氧化硫和二氧化氮的年平均浓度分别为 12 微克/立方米和 27 微克/立方米，均达到国家一级标准；细颗粒物（$PM_{2.5}$）和可吸入颗粒物（PM_{10}）的年平均浓度分别为 32 微克/立方米和 48 微克/立方米，均达到国家二级标准；酸雨频率和降水 pH 值分别为 26.5% 和 5.31；平均灰霾日数为 28.7 日。目前在大气环境方面，无论广东与重点经济区的环境质量相比，还是广东城市在全国 74 个重点城市中的环

境质量排名，都处于前列。珠江三角洲大气质量已率先达标、整体达标。①

广东二氧化氮年平均浓度由1995年的45微克/立方米下降至2000年的26微克/立方米，并在其后的10多年内均保持稳定，达到国家一级标准。二氧化硫年平均浓度由1995年的28微克/立方米下降至2000年的20微克/立方米。在随后的4年内，虽然广东省在全面推进全省电厂脱硫，但是由于能源消耗量的迅速增加和机动车保有量的迅猛增长，② 二氧化硫年平均浓度在此期间升至31微克/立方米。随着二氧化硫减排工作取得实质性进展，二氧化硫年平均浓度在此之后逐年下降，自2011年起，广东二氧化硫年平均浓度连续6年达到国家一级标准（见图5－3）。

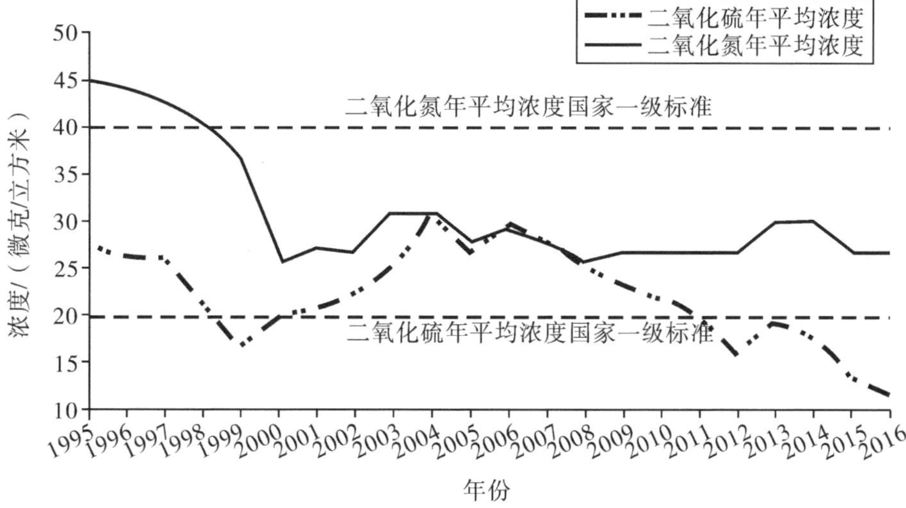

图5－3　1995—2016年广东省二氧化硫及二氧化氮年日均值

数据来源：相关年份《广东省环境状况公报》③。

① 何瑞琪、杨洋等：《“硬措施”治理大气　“广东蓝”全国抢眼》，载《广州日报》2017年4月14日第1－2版。

② 广东省人民政府：《广东省环境保护与生态建设“十一五”规划》，见广东省人民政府网（http://zwgk.gd.gov.cn/006939748/200909/t20090915_9434.html? keywords =）。

③ 见广东环境保护公众网（http://www.gdep.gov.cn/hjjce/gb/）。

1996年，我国对《环境空气质量标准》做了第一次修订，首次将PM_{10}纳入污染物监测范围。而$PM_{2.5}$则因技术及认知等原因，直到2012年才被纳入监测范围。同年，广东更新《广东省珠江三角洲清洁空气行动计划》，将$PM_{2.5}$纳入监测对象。自2001年以来，广东PM_{10}年平均浓度稳中带降，除2003年外，其余年份均达到国家二级标准。2015—2016年，$PM_{2.5}$年平均浓度连续2年达到国家二级标准（见图5-4）。

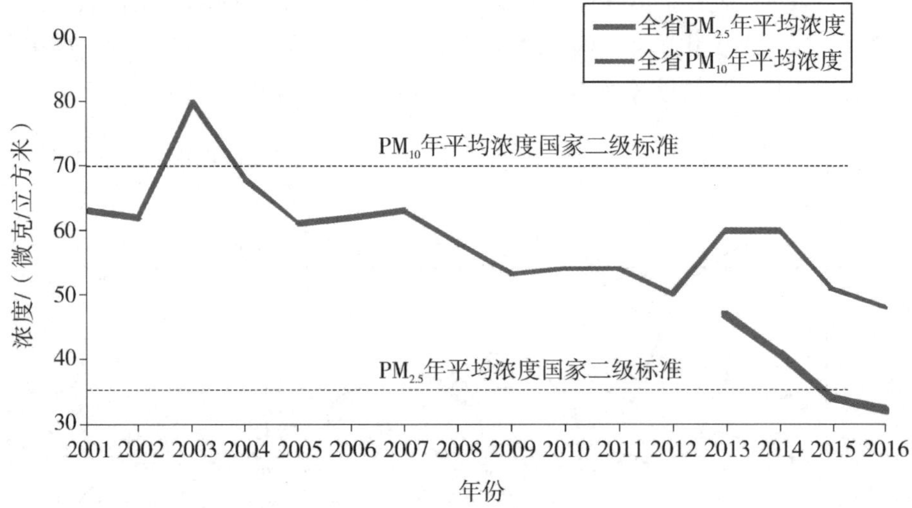

图5-4　2001—2016年广东省PM_{10}及$PM_{2.5}$年平均浓度

数据来源：相关年份《广东省环境状况公报》①。

广东是受酸雨污染较为严重的地区。在1998年国务院批复的酸雨控制区中，广东除茂名、梅州、河源、阳江4个地级市及乳源、新丰、陆河、连山、连南、阳山、清新、揭西8个国家级贫困县外，其他地区都属于酸雨控制区，占全省陆地面积的63%。2010年后，广东酸雨问题逐渐改善，酸雨频率由2010年的45.9%降至2016年的26.5%，降水pH值由2010年的4.86升至2016年的5.31（见图5-5）。

① 见广东环境保护公众网（http://www.gdep.gov.cn/hjjce/gb/）。

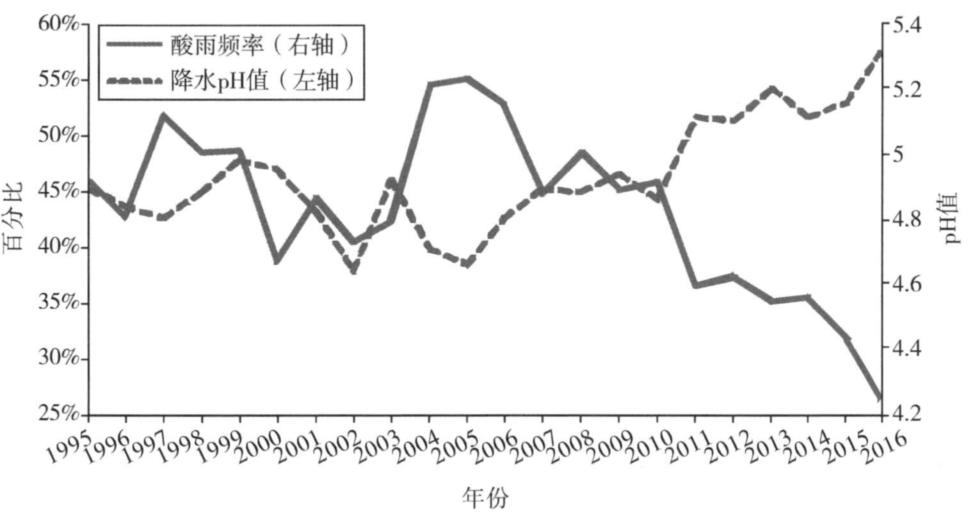

图5－5 1995—2016年广东省酸雨频率及降水pH值

数据来源：相关年份《广东省环境状况公报》①。

早关注、早预防、早行动是广东环境治理的特征。早在2006年，当大多数地方尚未意识到灰霾问题的严重性时，广东便将灰霾预警写入《广东省突发气象灾害预警信号发布规定》中，同时积极开展灰霾天气产生的原因、机理和控制对策等研究。广东平均灰霾日数自2007年起明显改善，2008—2009年成果明显，2年降幅高达36.17%。2016年，全省平均灰霾日数已降至28.7天，为1989年以来最少（见图5－6）。

（三）水环境治理不断深化

广东是全国河网密度最大的地区之一，水污染治理任务非常艰巨。自20世纪90年代起，广东的废水排放量持续快速增长，而污水处理能力却未能与之相匹配，水环境状况日趋恶化，全省跨市河流边界断面水质达标率不足一半，流经城市河段的水质恶化，饮用水水源水质受到严重威胁，水质性缺水问题突出，地区间水污染纠纷增多。为改善水环境质量，1998

① 见广东环境保护公众网（http://www.gdep.gov.cn/hjjce/gb/）。

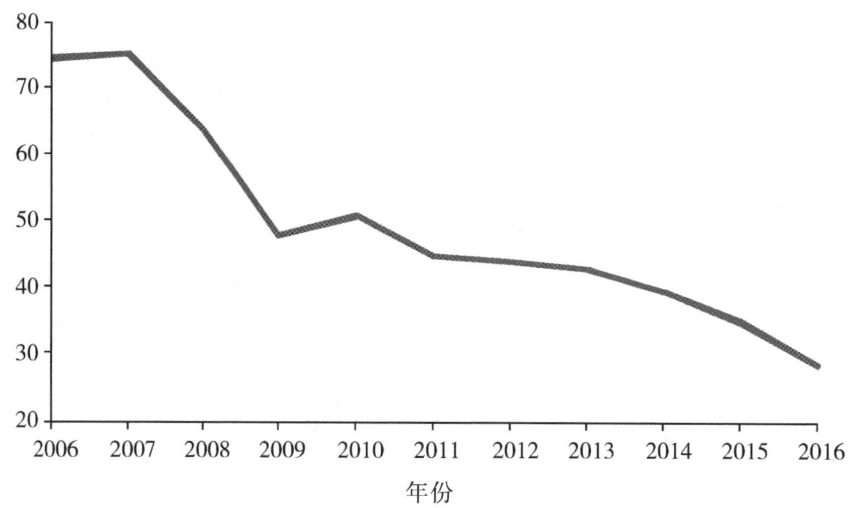

图5-6　2006—2016年广东省平均灰霾日数

数据来源：相关年份《广东省气象年鉴》①。

年、2002年、2003年先后启动了“碧水蓝天工程”“珠江综合整治”和“治污保洁工程”，加强了对水环境保护和治理工作。通过连续多年的水环境治理，2007年，全省主要江河和重要水库水质保持了良好，江河断面水质优良率达64.9%。全省饮用水水源地水质总达标率为89.6%，饮用水水源水质达标率上升了19.7%，19个地级以上市饮用水水源水质达标率为100%，在全国七大流域中，珠江流域主要江河水质排在前列。②

1. 饮用水水源水质全部达标

广东历来把饮用水水源保护作为环境保护工作的重中之重，注重将水源地特殊保护与流域系统保护有机结合，相关部门分工协作，形成工作合力，优先保护饮用水水源，强化流域综合整治，全面推进水污染防治，使广东在经济社会持续快速发展的同时，水环境质量总体保持稳定，饮用水

① 见广东省气象局网（http://www.grmc.gov.cn/qxgk/qxnj/）。

② 广东统计局：《环境保护成绩斐然》，见广东统计信息网（http://www.gdstats.gov.cn/tjzl/tjfx/200809/t20080916_60722.html）。

水源安全得到有效保障。

截至 2017 年，广东地级以上城市在用集中式饮用水水源水质 100% 达标，高于全国平均水平和大多数经济发达的沿海省份（全国 91%，浙江 91%、福建 90%、上海 75%、山东 98%、江苏 96%）。①

2. 江河水质状况逐年改善

改革开放初期，工业的发展以及城市的扩张，使大量工业废水和生活污水未经处理就直接排放到江河中，广东境内的河流均受到不同程度的污染，其中珠江三角洲流经城市河段是全省污染最严重的河段，水质几乎全为 V 类或劣 V 类。自 2003 年起，水质状况整体呈好转趋势，水质良好及以上的断面占比持续上升（见图 5－7）。重度污染的江段得到有效治理，断面数量由 2003 年的 18 个降至 2016 年的 11 个。断面水质达到水环境功能区水质标准的占比也从 2004 年的 47.7% 提升至 2016 年的 77.4%。近 5 年来，东江平均达标率最高，为 60.5%；粤西诸河平均达标率最低，为 32.96%；全省达标率总体而言呈稳中有升的趋势，由 2012 年的 41% 提升至 2016 年的 53.1%。2016 年，北江达标率最高，为 70.5%，仅韩江和粤西诸河的达标率较 2012 年有所下降（见图 5－8）。

3. 海域污染防治体系逐渐完善

广东是海洋大省，自古以来临海而立、因海而兴，一直都非常重视海域污染治理和海洋生态文明建设。早在 1996 年 4 月，广东省政府就颁布了《广东省海域使用管理规定》，成为中国第一部省级海洋管理规章。2005 年 10 月，广东省政府出台《广东省海域使用金征收使用管理暂行办法》，率先在全国完善了填海造地换发土地使用证实施办法；编制了珠江口海砂开采海域使用规划，在全国率先划定了禁采区、勘探区。2007 年省人大通过《广东省海域使用管理条例》，奠定了广东省海域使用管理的基本制度，为实现依法治海提供了重要的法律保障。

① 数据来源：广东环境保护公众网（http://www.gdep.gov.cn/）。

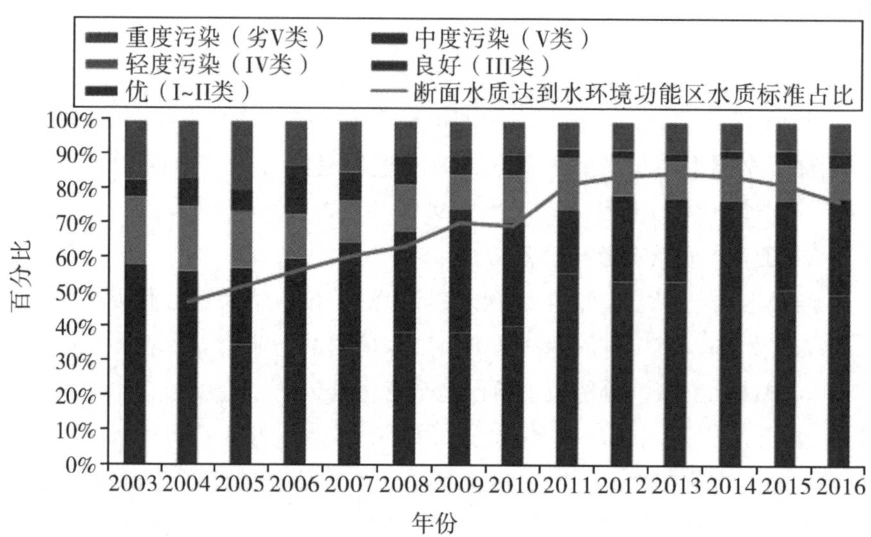

图 5－7　2003—2016 年广东省省控断面水质情况

数据来源：相关年份《广东省环境状况公报》①。

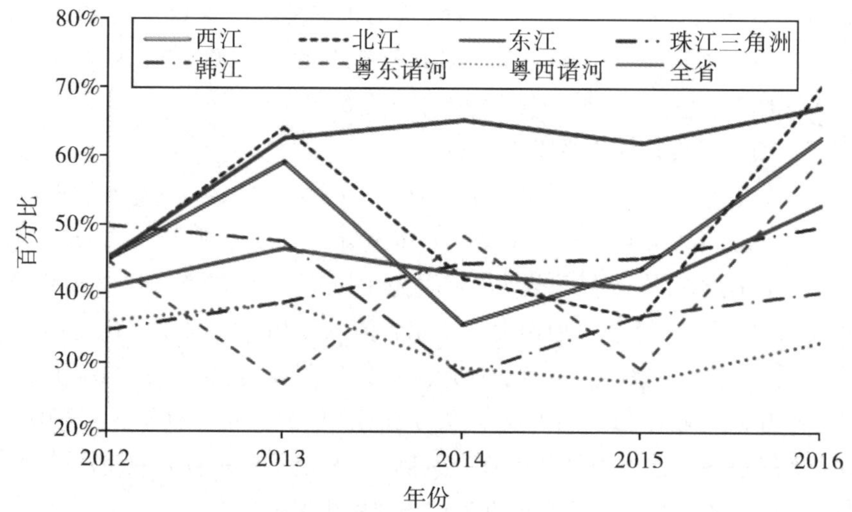

图 5－8　2012—2016 年广东省各流域水功能区达标情况

数据来源：相关年份《广东省水资源公报》②。

① 见广东环境保护公众网（http://www.gdep.gov.cn/hjjce/gb/）。

② 见广东省水利厅网（http://www.gdwater.gov.cn/zwgk/tjsj/szygb/）。

党的十八大以后，广东海洋生态文明建设步入快车道，在“一致认识和共同行动”的“指挥棒”指挥下，广东坚持生态“养海”，用心“护海”：完成了海洋生态红线划定工作；在全国率先启动美丽海湾建设，编制了广东美丽海湾总体规划；建设海洋生态文明示范区；海洋保护区建设成效显著。2013 年，在深化生态文明体制改革座谈会上，广东对美丽海湾建设提出了明确要求，将美丽海湾建设上升到全省经济社会发展大局的高度来部署。2017 年 9 月，广东颁布了《广东省海洋生态红线》，科学划定了广东省海洋生态红线，并制定和实施相应管控措施。2017 年 11 月，广东省人民政府和国家海洋局联合印发了《广东省海岸带综合保护与利用总体规划》，这是全国首个省级海岸带综合保护与利用总体规划。该规划将广东省岸线划分为 484 段，保护与利用海岸线及其两侧，对其实施网格化管理。根据该规划，严格保护海岸线要按照生态保护红线有关要求管理，确保生态功能不降低、长度不减少、性质不改变。

在完善的防治体系支持下，广东省海洋生态环境保护成效明显。珠海、汕头、惠州、东莞等地海岸整治修复取得实效，初步实现还海于民、还景于民。截至 2017 年，广东共拥有国家海洋生态文明建设示范区 5 个、国家级海洋公园 6 个，建成海洋渔业类型保护区 110 个、面积 50.35 万公顷，保护区数量、面积居全国首位；建成人工鱼礁区 50 座、面积 2.9 万公顷，建成海洋牧场示范区 12 个。[①]

4. 水污染治理的长效机制基本建立

（1）生态补偿机制深入推进。

2006 年，广东省人大常委会颁布了《广东省跨行政区域河流交接断面水质保护管理条例》，从地方法规的层面为实施政策性流域生态补偿提供了法律保障。2012 年 4 月，广东省政府办公厅印发了《广东省生态保护补偿办法》，2014 年 10 月又根据实际情况对《广东省生态保护补偿办法》进行了修订，明确了《生态环境保护指标考核实施细则》和《生态保护补偿资金分配实施细则》，推动形成生态转移支付制度体系。2016 年

---

① 黄进：《广东加快推进海洋经济强省建设》，载《南方日报》2018 年 2 月 8 日 A8 版。

12 月，省政府办公厅印发了《关于健全生态保护补偿机制的实施意见》，根据意见要求，广东积极探索推进生态保护补偿工作，在重点跨市域河流试行水质考核激励机制，鼓励受益地区与保护生态地区、流域下游与上游通过资金补偿、对口协作、产业转移、人才培训和共建园区等方式建立横向补偿管理，探索推进省内横向生态保护补偿。

在不断完善相关制度的同时，试点工作也在不断推进。2014 年 8 月，广东省政府与广西壮族自治区政府在广州签署了《粤桂九洲江流域跨界水环境保护合作协议》，在全国率先开展了两省（区）九洲江流域跨界水环境保护工作；2016 年 3 月，广东省分别与福建省、广西壮族自治区签署了《关于汀江—韩江流域上下游横向生态补偿的协议》《关于九洲江流域上下游横向生态补偿的协议》；2016 年 10 月，广东省又与江西省签署了《东江流域上下游横向生态补偿协议》。

（2）河长制得到全面落实。

广东高度重视河湖管护机制创新，因地制宜施策。党的十八大以来，广东结合深入实施《南粤水更清行动计划》和山区中小河流治理等工作，在省内分类探索试行“构建珠江三角洲绿色生态水网”与“打造粤东西北平安生态水系”两种治河模式，取得阶段性成效，为全面推行河长制积累了宝贵经验。

2017 年 6 月，广东出台全面推行河长制工作方案，致力于全面打造具有岭南特色的河长制升级版。广东省委办公厅、省府办公厅联合印发《广东省全面推行河长制工作方案》（以下简称《方案》），明确由省政府主要负责同志任省总河长。《方案》明确建立区域与流域相结合的省、市、县、镇、村 5 级河长体系，在中央要求设立 4 级河长基础上，将河长体系延伸至村（居）一级，实现江河湖库全覆盖，力求解决河湖管护“最后一千米”问题。由省政府主要负责同志担任省总河长，省委专职副书记和省委常委、常务副省长担任省副总河长，各市、县、镇设立本级总河长，流经各区域内主要河湖，分别由省、市、县、镇党委或政府负责同志和村（居）负责同志担任本级河长。在系统总结前几年广东部分地区试行河长制经验基础上，因地制宜，在全省全力打造具有岭南特色的河长制升级

版。《方案》明确了保护水资源、保障水安全、防治水污染、改善水环境、修复水生态、管理保护水域岸线及强化执法监管七项主要任务。

截至2017年年底，全省已设立并公告行政村以上河长33 061名，其中省级河长7名，市级河长154名，县级河长1 404名，镇级河长9 270名，行政村河长22 226名。全省还设立村民小组河段长兼巡河员120 443名，努力实现河长体系对各类沟、渠、溪、塘等小微水体管护的全覆盖。[①]

（四）土壤环境治理走在前列

习近平总书记在全国生态环境保护大会上指出：要全面落实土壤污染防治行动计划，突出重点区域、行业和污染物，强化土壤污染管控和修复，有效防范风险，让老百姓吃得放心、住得安心。[②] 相对于"看得见"的大气污染和水污染，"看不见"的土壤污染具有较强的隐蔽性。广东作为全国4个土壤污染防治立法先行试点省份之一，较早开展了土壤污染治理工作。

1. 土壤治理制度加快建立

党的十八大以来，广东环境保护工作开始向纵深推进，"看不见"的土壤污染治理日益受到重视。广东省环保厅先后印发实施《广东省土壤环境保护和综合治理方案》《广东省土壤污染防治行动计划实施方案》《广东省土壤污染治理与修复规划（2017—2020年）》《广东省土壤污染状况详查实施方案》等政策文件，统筹部署和全面推进土壤治理工作。各地市也积极推进本地土壤污染防治工作，珠海等8市印发了本地区的土壤环境保护和综合治理实施方案；广州市制定了全省首个污染场地管理办法，东莞市出台了土壤污染修复工作指南。广州、佛山等地积极开展污染场地排查工作，初步建立了一批污染场地清单，为下一步工作奠定了良好基础。

2. 土壤质监网络全面铺开

目前，广东已初步建成了农产品产地土壤环境质量监测体系。2015

---

① 谢庆裕、粤水轩：《粤提前完成全面建立河长制阶段目标》，载《南方日报》2018年1月19日A6版。

② 顾仲阳：《全国生态环境保护大会召开》，载《人民日报》2018年5月20日第1版。

年起，广东省农业厅在茂名、广州、博罗、惠阳建设了8个农业面源污染径流国控监测点，开展持续监测工作。2015—2016年在全国率先开展农产品产地土壤重金属污染省级监控点布设，对大宗农产品产区、菜篮子基地和重金属污染风险区开展定期协同监测。配套建设了“广东省农产品产地土壤环境管理系统”，为全省农产品产地土壤污染风险评价、预警监测和分类管理提供技术保障。至2017年，完成了农产品产地土壤环境质量国控例行监测点布设工作，在全省布设了1 142个例行监测点，初步建成了覆盖全省的农产品产地土壤环境质量监测体系。省环境保护厅组织建立国控土壤环境监测点位1 739个，省控土壤环境监测点位约8 000个。①

3. 农用地土壤环境分类管理得以加强

广东以农用地和重点行业企业用地为重点，开展土壤污染状况详查。按污染程度将农用地划为3个类别：未污染和轻微污染的划为优先保护类，轻度和中度污染的划为安全利用类，重度污染的划为严格管控类。以耕地为重点，分别采取相应管理措施，保障农产品质量安全。将符合条件的优先保护类耕地划为永久基本农田，实行严格保护，确保其质量不下降、面积不减少。严格控制在优先保护类耕地集中区域新建有色金属冶炼、石油加工、化工、焦化、电镀、制革等行业企业；现有相关行业企业要采用新技术、新工艺，加快提标升级改造步伐。安全利用类耕地集中的县（市、区）要结合当地主要作物品种和种植习惯，采取农艺调控、替代种植等措施，降低农产品超标风险；加强对严格管控类耕地的用途管理，依法划定特定农产品禁止生产区域，严禁种植食用农产品。

4. 积极探索土壤治理新模式

2016年5月，国务院印发《土壤污染防治行动计划》，将韶关列为全国6个土壤污染综合防治先行区之一。韶关自2011年起的5年内，累计投入16.65亿元，完成了100多项重金属污染治理工程，开展8项土壤治

---

① 广东省农业厅：《关于政协第十二届广东省委员会第一次会议第20180791号提案答复的函》，见广东省农业厅网（http://www.gdagri.gov.cn/zwgk/tzgg/201807/t20180725_621258.html）。

理修复工程，实施土壤修复158.38万平方米。[①] 韶关在探索土壤修复与经济发展相协调的可持续模式方面开展了积极探索实践，逐渐形成土壤污染防治韶关模式，在国家缺乏成熟可靠土壤修复技术的大背景下，韶关模式对广东乃至全国具有先行示范意义。

一是完善了土壤污染综合防治政策。按照国家和省要求，重点布局重金属污染防治，编制了《韶关市矿产资源总体规划（2008—2015年）》《韶关市涉重金属行业发展规划（2011—2020）》《韶关市铅锌行业发展规划（2011—2020）》，制定了《广东韶关典型区域土壤污染综合治理项目实施方案》《韶关市土壤污染防治示范区建设方案》《韶关市涉重金属行业环境综合整治方案（2015—2020年）》等系列政策文件，以重点区域、重点行业企业的整治为突破口，全面深入推进综合防治，控制重金属源头污染。二是探索本土化的土壤修复技术。自2008年以来，依托国家“863计划”、公益性行业（农业）科研专项等项目，广东省环科院、广东省土壤所等科研院所在仁化县董塘镇、翁源县新江镇、大宝山矿区、凡口铅锌矿尾矿库等区域开展了多年的农田修复、矿区生态恢复试验，储备了多项本土化的土壤污染修复技术。三是建设了一批土壤治理修复示范项目。在仁化、新丰等不同区域开展了8项总占地约2 000亩的示范工程建设，取得了一批土壤污染治理修复示范成果。

（五）农村农业污染防治成效明显

广东是传统的农业大省，全省共有1 139个乡镇、22 105个行政村、约6 000万农村人口，农村农业环境保护问题历来是广东环境保护领域的短板和省委、省政府的工作重点。总体上看，广东农业农村污染防治的成效主要体现在以下几个方面。

1. 农村环境综合整治显效果

实施“以奖促治”，在积极争取中央资金支持的同时不断加大省级环保专项资金投入，通过专项转移支付加大对全省特别是粤东西北等欠发达

---

① 陈惠陆：《韶关：先行先试 治“重”有方》，载《环境》2017年第8期，第28－30页。

地区的支持力度。2008—2017 年，中央和省级农村环保专项资金累计安排约 14 亿元，支持“以奖促治”农村环境综合整治项目约 750 个，涉及行政村 2 300 个，受益人口约 624 万人。截至 2017 年年底，全省所有县和珠江三角洲地区所有中心镇全部建成污水处理设施；全省城乡生活垃圾处理设施硬件建设基本完成，1 049 个乡镇、约 14 万个自然村“一镇一站（垃圾转运站）”及“一村一点（垃圾收集点）”全部建成，全省农村生活垃圾有效处理率达 88.88%，分类减量率达 36.63%，村庄保洁覆盖面达 98.11%。[①] 通过农村环境综合整治，切实解决了区域性农村生活垃圾污染等突出环境问题。

各地也积极探索农村环境综合整治，如佛山市、韶关市、梅州市、湛江市、肇庆市、云浮市等地因地制宜，积极开展农村环境综合整治。其中韶关市乡村“清洁美”工程、云浮市云安县农村生活垃圾处理、云浮市新兴县畜禽养殖废弃物综合利用、揭阳市揭东县和普宁市的农村雨污分流和处理等工作均取得了较好的成效，区域农村环境卫生状况得到有效改善的同时，为全省农村环境保护工作的开展积累了较好的经验。[②]

2. 生态示范创建活动显成绩

实施“以创促治”，深入开展国家级生态村镇、省级生态镇、市级生态示范村等一系列生态示范创建活动。通过生态示范创建，加强了农村环境保护的组织领导，加大投入，推进农村环境综合整治及环境基础设施建设，建立村规民约，完善农村环境管理，促进农村地区环境质量改善。

截至 2017 年年底，全省共建成中山、珠海 2 个国家级生态市，深圳市福田区等 7 个国家级生态区，81 个国家级生态乡镇，6 个国家级生态村，1 个省级生态市，5 个省级生态县区，207 个省级生态乡镇，406 个省级生态村，37 个中国历史文化名镇、名村，75 个广东历史文化名镇、名村，160 个中国传统村落、186 个广东传统村落，2 396 个乡村绿化美化示

① 数据来源：广东环境保护公众网（http://www.gdep.gov.cn/）。

② 广东省环境保护厅：《广东省农村环境保护“十二五”规划》，见广东省人民政府网（http://zwgk.gd.gov.cn/006940060/201202/t20120206_302900.html）。

范村。[①] 实践证明，生态示范建设较大地促进了农村环境基础设施的提升，如中山市通过生态市建设，镇镇建成二级污水处理厂；韶关、梅州等欠发达地区的乡镇也因地制宜建成污水处理和垃圾收运系统，使农村生活污染得到有效治理；汕头市、湛江市等地紧密围绕农村生态示范创建工作，因地制宜发展了“猪—沼—果”综合养殖、食用菌培育、喷灌滴灌节水等多种模式的生态农业，有效降低了农业污染。

3. 农业面源污染治理出创新

据第一次全国污染源普查结果显示，广东农业面源污染的主要来源为畜禽粪污、化肥、农药、秸秆、生活垃圾、生活污水、农田尾水等农业废弃物，全省化学需氧量和氨氮排放量中农业污染源分别占据总排放量的31.7%和24.9%。其中，种植业和畜牧产业化学需氧量排放量占农业总排放量的81.29%，氨氮排放量占农业总排放量的93.79%。在畜牧产业的排放量中，养猪行业化学需氧量排放量占据61.77%，氨氮排放量占90.55%。

为减少农业面源污染，世界银行贷款广东农业面源污染治理项目于2014年正式启动。该项目是广东农业史上利用世界银行贷款最大的项目，也是国内首个利用世界银行贷款实施农业面源污染治理的项目。项目总投资达2.13亿美元，主要用于建设环境友好型种植业和牲畜废弃物治理两大重点工程。项目启动以来，实施成效显著，为广东省探索出一条解决农业面源污染问题的科学路径。

（1）构建补偿激励机制。

项目以IC卡信息系统为载体建立补偿政策，对农户使用环境友好型投入品实行补贴，农户只获取生产物资和服务，确保补偿资金的精准到位和安全高效。2017年，项目为27县（市、区）的9.5万户农户发放补贴4 158万元，平均每户补贴437元。

（2）创新污染治理模式。

推广高床发酵型生态养殖新模式11家，设计年出栏生猪70多万头，

---

① 数据来源：广东环境保护公众网（http://www.gdep.gov.cn/）。

投产4家，实现养殖基本无污水，资源高效利用，全程机械化生产，现代工厂化管理。水稻免耕同步施肥机插秧、少耕同步施肥机插秧、菜地水稻同步施肥旱撒播等保护性耕作模式增产、增收、减肥、减药效果明显，在保护耕地的同时，实现可持续生产。

（3）完善技术支撑体系。

培养1 100多名省、市、县、镇、村五级专家技术人员，项目实施机构与技术支撑专家建立联合体，共同参与项目建设，将“要我做”变为“我要做”，打破分块、分割的农业面源污染治理格局，对镇、村技术人员进行考核，发放激励资金，将污染治理技术有效落实到户到田。①

三、广东环境保护的主要经验

习近平总书记指出，绿水青山不仅是金山银山，也是人民群众健康的重要保障。对生态环境污染问题，各级党委和政府必须高度重视，要正视问题、着力解决问题，而不要去掩盖问题。② 改革开放后，广东作为改革开放前沿阵地，取得了骄人的经济发展成就，但也较早遭遇到较为严重和复杂的生态环境问题。从某种程度来说，广东改革开放的历史，也是一部不断平衡经济发展和环境保护关系的历史，在这一历史进程中，广东积累了较为丰富的生态环境治理经验，可以为全国其他省份提供参考借鉴。

（一）标本兼治才能打赢环境保卫战

我国中医有句古话，叫“急则治其标，缓则治其本”。在环境保护与生态建设中，也要坚持“标本兼治”的思维。治标，是对已凸显的环境污染问题进行治理，对已经产生的生态破坏进行修复。治本，是要对造成生态环境问题的“病根子”用药，从转变发展方式、调整能源利用结构、建设完善制度体系入手，能够对环境污染起到预防、阻拦作用，重在从源头

---

① 广东省农业厅：《世界银行贷款广东农业面源污染治理项目2017年度考核情况通报》，见广东农业信息网（http://www.gdagri.gov.cn/zwgk/tzgg/201802/t20180211_614932.html）。

② 中共中央文献研究室：《习近平关于社会主义生态文明建设论述摘编》，中央文献出版社2017年版，第90页。

“防”。只有这样，环境治理的成效才会是持续的、长效的。

2018 年 3 月 7 日，习近平总书记参加十三届全国人大一次会议广东代表团的审议时指出，要以壮士断腕的勇气，果断淘汰那些高污染、高排放的产业和企业，为新兴产业发展腾出空间。在环境问题日益累积、日益严重的情况下，以治标为先，才能遏制环境污染蔓延的势头，为治本打下基础，留下时间；在治标的同时，一定要重视对“病根”的医治，这样才能治理源头，从根本上解决问题。

（二）跨区协作是破解区域性环境问题的利器

部分污染物具有跨界影响的特征，尤其是跨界水污染和大气污染。仅靠单个地方政府的努力，很难有效治理区域性污染问题，只有建立跨越行政区域的联防联控机制，才能够有效地解决这一难题。

改革开放以来，广东在跨界污染治理方面开展了长期的探索，尤其是在粤港澳联合开展环境治理和生态保护方面，更是积累了丰富经验。在大气环境治理方面，2002 年，粤港双方政府签署和发布了《关于改善珠江三角洲空气质素的联合声明（2002—2010 年）》，提出力争到 2010 年实现珠江三角洲二氧化硫、氮氧化物、可吸入颗粒物和挥发性有机化合物的排放总量比 1997 年分别减少 40%、20%、55% 和 55%，并于 2003 年通过了《珠江三角洲地区空气质素管理计划（2002—2010 年）》，提出了一系列有力的污染物防治和减排措施。此后，广东不断探索创新，在珠江三角洲地区建立了全国首个区域大气污染防治联席会议制度，2011 年，在国内发布实施首个面向城市群的大气复合污染治理计划——《广东省珠江三角洲清洁空气行动计划》，建成国内领先的大气复合污染立体监测网络，率先以改善大气环境质量为目标实施区域联防联控。在水环境治理方面，广东建立了跨界河流污染整治工作联席会议，地方各级政府全面实行“河长制”，严格落实治污主体责任，流域上下游环保部门开展定期会商和联合督查，强力推进污染整治工作。在跨省区环境治理合作方面，广东积极推动开展泛珠江三角洲区域环保合作，2007 年，水利部珠江水利委员会与贵州和广西水利、环保部门共同组建了黔、桂跨省（区）河流水资源保护与水污染防治协作机制。2013 年以来，广东省环保厅分别与江西、福建、湖南、广西环保厅签署了跨界河流水污染联防联控协作框架协议，进一步深化交流合作，打破区域局限，应对跨界突发环境事件，保障水环境安全。

（三）坚守底线是塑造良好生态格局的有效途径

广东始终高度重视环境容量问题。早在 20 世纪 90 年代，就通过全面开展“一控双达标”工作，对环境容量超标的区域和流域实行严格的环境政策。2012 年 9 月，广东颁布实施了《广东省主体功能区规划》，并将广东省陆地国土空间划分为优化开发、重点开发、生态发展和禁止开发 4 类主体功能区域。广东还强化落实生态空间用途管制，建立实施“准入清单”和“负面清单”，加强生态保护红线分级分类管理，建立完善生态保护红线补偿机制。建立管理信息系统，推进生态保护红线精准化勘界落地，提升精细化管理水平。

广东严格实施环保分区控制，珠江三角洲地区继续限制新建燃煤燃油电厂和炼化、炼钢炼铁等项目。2018 年 8 月，广东公布了《广东省水污染防治攻坚战 2018 年度实施方案》，该方案要求继续优化涉水产业空间布局，东江、西江、北江、韩江等干流及主要支流岸线 1 000 米范围内不得新上石油化工、化学原料药制造、印染等项目，已有项目所在地市人民政府要于 2018 年年底前制定搬迁改造计划并向社会公开；严禁在水质超标河段建设新增污染物排放项目等，给涉水产业空间布局划出了“红线”。广东的经验表明，经济发展一定要有“底线意识”，只有坚守生态底线，防止污染转移和过度开发，推动区域产业聚集化和绿色化发展，才能使生态发展区将生态优势转化为经济优势，实现经济发展和环境保护的“双赢”。

（四）完善的制度体系是有效治理的根本保障

只有实行最严格的制度、最严密的法治，才能够为环境保护提供可靠保障。污染防治和环境治理不能仅仅靠“运动式”行动，实现有效治理最终还是要用制度保护生态环境。

广东省委、省政府始终把环境保护放在事关经济社会发展全局的战略

位置，不断完善环境治理的制度体系。广东在“七五”计划期间把环境保护列为国民经济和社会发展的有机组成部分，环境保护初步在全省范围内得到体现。1990年6月，广东省环保局编制了《广东省环境保护“八五”计划和十年规划纲要》并被纳入《广东省国民经济与社会发展十年规划和“八五”计划纲要》。早在1985年4月，原广东省建委和原省环保局就联合发出《有关城镇规划中的环境保护问题的通知》，要求送审的城市总体规划中必须有环境保护专门篇章。1994年广东省人大常委会通过的《广东省建设项目环境保护管理条例》明确要求各类开发区管理部门必须按规定对开发区“组织环境影响评价和编制环境保护专项计划”，“环境保护专项规划应纳入总体规划”。1997年，经广东省政府批准实行的《广东省碧水工程计划》是全省第一项属于环境要素的具有指令性的环境规划。2013年，广东公布了《关于在我省开展排污权有偿使用和交易试点工作的实施意见》，开启了环境治理的市场激励型制度探索。

广东的实践表明，环境治理最终要实现由“文件治理”向“制度管控”的转变，要建立系统完善的环境治理的制度体系，用制度保护生态环境。一方面要完善生态文明建设的命令控制型制度，重点建立和完善自然资源用途管制、生态红线制度、生态修复制度、资源能源与污染物排放的总量与强度“双控”制度、污染物排放强制性保险责任制度等制度；要建立覆盖全域空间和全流程的生态环境监管制度，健全生态文明绩效评价考核和责任追究制度，以最严格的制度加强生态环境保护，进一步完善源头严控、过程严管、恶果严惩的体制机制；要发挥法律的硬约束作用，积极用地方立法权为环境治理保驾护航。另一方面要注重市场激励型制度建设，积极探索建立自然资源资产产权制度；要构建反映市场供求和资源稀缺程度、体现自然价值和代际补偿的资源有偿使用和生态补偿制度，探索在市域范围不同主体功能区（行政区）之间开展纵向和横向生态补偿，加大对重点生态功能区的转移支付力度；要积极推动环境污染的第三方治理，鼓励各类市场主体积极参与碳排放权交易、排污权交易、水权交易等。

第六章　广东的低碳发展

在应对气候变化问题上，中国是积极的推动者和严肃的行动者。习近平总书记在气候变化巴黎大会开幕式上的讲话中指出，中国把应对气候变化融入国家经济社会发展中长期规划，坚持减缓和适应气候变化并重，通过法律、行政、技术、市场等多种手段，全力推进各项工作。虽然需要付出艰苦的努力，但我们有信心和决心实现我们的承诺。① 2010 年，广东省勇担全国低碳试点省建设重任，在碳排放权交易、低碳城市和社区建设、低碳发展体制机制建设、低碳能力建设等多方面进行了积极而扎实的探索，建立起了宽领域、多层次、全维度的低碳试点示范体系，为中国的低碳发展探索出了广东道路。

一、广东低碳发展的基本历程

改革开放 40 年的历史进程中，广东对低碳循环发展的探索从未停歇。尤其是近年来，广东通过多项科技创新和体制机制创新，实施优化产业结构、构建低碳能源体系、发展绿色建筑和低碳交通、建立碳排放权交易市场等一系列政策措施，不断推动应对气候变化工作和低碳建设向纵深发展。2010 年 7 月，国家发展和改革委员会印发《国家发展改革委关于开展低碳省区和低碳城市试点工作的通知》，国家层面的低碳建设工作正式启动，广东和深圳被确定为首批“五省八市”试点之一。2011 年 10 月，

---

① 习近平：《习近平谈治国理政（第二卷）》，外文出版社 2017 年版，第 530 页。

国家发改委发布《关于开展碳排放权交易试点工作的通知》，确定广东、深圳等“两省五市”为碳排放权交易试点省市。在系列试点工作的推动下，广东省应对气候变化和低碳建设工作掀开崭新篇章。

（一）1978—2010 年：初步探索低碳经济

过去 100 年，全球平均气温上升了（0.6±0.2）℃，我国平均气温升高 0.5℃～0.8℃，地表年平均气温升高 1.1℃，高于全球及北半球同期增温率；同期全球海平面上升速率为（1.7±0.5）毫米/年，我国沿海海平面上升速率为 2.5 毫米/年。相关研究指出，海平面上升将导致海岸线后退、沿海侵蚀、风暴潮加强、生物栖息地改变、湿地变迁等，引起近海域生态系统服务价值的变化。[①] 联合国政府间气候变化专门委员会（IPCC）第五次气候变化评估报告认为，气候变化要比原来认识到的更加严重，而有 95% 以上的把握认为气候变化是由人类的行为造成的。IPCC 第一工作组联合主席托马斯·斯托克认为，根据最低情景模式，到 21 世纪末，地表温度将可能比 1850—1900 年增长 1.5℃，若根据两个最高的情景模式，升温可能超过 2℃。[②] 中华人民共和国成立以来，我国对降低人类对气候变化影响的努力在摸索中不断前进，低碳政策经历了从无到有、从粗到细、从局部到整体、从改变眼前到面向未来的发展阶段，逐步形成了较为有效的政策体系。

广东是我国的经济大省，然而，伴随着经济的发展，广东工业化、城镇化带来的高耗能、高排放问题愈发突出。自 20 世纪 80 年代后期开始，广东年平均气温呈现出振荡上升的特点，特别是 90 年代后期以来，升温更加显著，其中珠江三角洲地区是主要增温区域，其次是东南部沿海地区。广东省气象局观测结果显示，近 40 年来广东每 10 年气温增加 0.21℃，与全国平均水平基本持平。珠江三角洲地区每 10 年增温 0.3℃，

---

① 王宝强、杨飞：《海平面上升对生态系统服务价值的影响及适应措施》，载《生态学报》2015 年第 35 期，第 7998－8008 页。

② 温文：《IPCC 公布第五次气候变化评估报告：超过 95% 系人为原因》，载《自然杂志》2013 年第 5 期，第 325－325 页。

东南部沿海地区每10年增温0.2℃～0.3℃，粤北地区增温趋势较为缓慢，每10年增温0.15℃。总结来看，改革开放以来，广东地区气候变化的特征主要表现为：降水变率呈加大趋势，旱涝灾害较为频繁；登陆台风的个数有所减少，但初台登陆时间表现异常；高温日数有所增加，高温酷热、热浪愈发频繁；低温日数相对减少，暖冬突出；极端最低气温变化不稳定性增加，寒冷灾害加重；灰霾天气增多，日照时数减少；极端天气气候事件及其引发的气象灾害造成的经济损失有所增加。①

为积极减缓和适应气候变化，广东省政府于2007年成立省节能减排工作领导小组，并于2010年调整为省应对气候变化及节能减排工作领导小组，加强对应对气候变化和节能工作的协调领导。另一方面，在低碳社会的构建中，政策规范是最直接、最有效的方式，广东陆续出台了与应对气候变化相关的节能、产业结构调整、发展循环经济、保护生态环境等方面的一系列政策和法规，包括《关于建设节约型社会发展循环经济的若干意见》（粤府〔2005〕83号）《印发广东省节能减排综合性工作方案的通知》（粤府〔2007〕66号）《关于加快建设现代产业体系的决定》（粤发〔2008〕7号）等，制定、修订了《广东省节约能源条例》《广东省封山育林条例》《广东省湿地保护条例》等地方性法规和省政府规章。通过采取关停补助、差别电价等经济性政策手段，截至2009年年底，广东关停淘汰落后钢铁产能1 039万吨，淘汰落后水泥产能5 184万吨。广东省GDP能耗从2005年的0.794吨标准煤/万元下降到2009年的0.684吨标准煤/万元，累计下降13.89%，处于全国领先水平。全省森林面积达1.48亿亩，森林覆盖率达56.7%，活立木蓄积量达4.18亿立方米。

尽管广东应对气候变化工作初见成效，但到“十一五”末期，广东低碳工作还处于初级探索阶段的基本省情没有变。在减缓气候变化方面，广东经济社会的快速发展，导致温室气体排放总量仍继续增加。在适应气候变化方面，广东属于自然生态约束较大和气象灾害频发的省份，缓解气候

① 广东气候变化评估报告编制课题组、杜尧东：《广东气候变化评估报告（节选）》，载《广东气象》2007年第3期，第1－6页。

变化不利影响的难度也极具挑战性。

（二）2011—2015 年：努力建设低碳试点省

推进低碳发展试点示范，是积极探索符合我国国情的低碳发展路径、转变经济发展方式的有效途径，也是应对气候变化工作的重要抓手。2010 年 7 月，国家发展和改革委员会发布了《关于开展低碳省区和低碳城市试点工作的通知》（发改气候〔2010〕1587 号），确定首先在广东、辽宁、湖北、陕西、云南 5 省和天津、重庆、深圳、厦门、杭州、南昌、贵阳、保定 8 市开展试点工作。改革开放先行一步的广东，再次担起低碳发展先行先试的重任。2010 年 11 月 2 日，广东省政府召开低碳省试点工作启动大会，根据工作计划，整个试点工作分 4 段，其中 2010 年 8 月至 2010 年 12 月为启动阶段，2011 年为起步阶段，2012—2013 年为攻坚阶段，2014—2015 年为深化阶段。所以，2011 年是广东开展国家低碳省试点工作的起步之年，按照中央部署和试点方案要求，广东立足自身实际，将调整产业结构、优化能源结构、节能增效、增加碳汇等工作结合起来，着力探索低碳发展体制机制，不断加强能力建设和基础工作，明确提出本地区控制温室气体排放的行动目标、重点任务和具体措施。广东省发改委相应出台了年度《广东国家低碳省试点工作要点》，进一步明确了低碳工作的年度重点。在行动层面上，广东逐步形成全省上下积极响应，部门协调联动的“低碳发展全省总动员”的良好局面。① 在试点效果上，碳排放强度不断降低，独具广东特色的低碳绿色发展模式开始呈现。

2011—2015 年，广东全省单位 GDP 碳排放强度累计下降 23.9%，全省单位 GDP 能耗和单位工业增加值能耗累计分别下降 20.98% 和 34.9%，主要能耗指标之低在全国仅次于北京，处于全国第二低位。2015 年，全省森林覆盖率提升至 58.8%，森林蓄积量达到 5.61 亿立方米。气象灾害损失占 GDP 的比重由“十一五”时期的 0.65% 下降至 0.36%。

---

① 广东省发展和改革委员会：《低碳发展　广东先行——广东低碳发展报告 2010》，载《南方日报》2011 年 2 月 21 日。

（三）2016—2018年：全面推动低碳发展

自试点工作开展以来，广东国家低碳省试点及碳排放权交易试点各项工作进展顺利。进入2016年，全国碳市场统一发展步伐不断加快，广东省在继续建设和发展好区域碳市场的前提下，充分依托碳排放权交易试点工作的良好基础，积极发挥辐射带动和试点示范作用，为全国低碳发展和碳排放权交易市场建设贡献更大力量。在机制设计方面，广东积极参与全国碳市场交易监管、会计税务处理等相关顶层机制研究；在基础设施建设方面，共同参与全国碳排放权注册登记系统和交易系统建设工作；在能力建设方面，挂牌成立全国碳市场能力建设（广东）中心，围绕全国碳市场建设的总体部署和工作要求，扎实开展碳交易能力建设培训，协助广西、贵州、湖南、海南等多个省区开展碳交易相关能力建设，累计培训省外相关人员近2 500人次，为全国碳市场的顺利启动和有序运行提供重要支撑和保障；在产品创新方面，利用绿色金融改革试验区的契机，稳妥有序探索建设环境权益市场，稳妥推进区域碳市场，确保区域碳市场和全国碳市场的有效衔接。

2017年12月19日，国家发展和改革委员会正式公布《全国碳排放权交易市场建设方案（发电行业）》，标志着我国碳排放权交易体系正式启动，中国低碳发展和应对气候变化工作迎来崭新起点。中国是负责任的发展中大国，是全球气候治理的积极参与者。中国已经向世界承诺将于2030年左右使二氧化碳排放达到峰值，并争取尽早实现。中国将落实创新、协调、绿色、开放、共享的发展理念，坚持尊重自然、顺应自然、保护自然，坚持节约资源和保护环境的基本国策，全面推进节能减排和低碳发展，迈向生态文明新时代。① 在新的历史时期，广东全面深化、学习贯彻习近平总书记重要讲话精神，坚持遵循“四个走在全国前列”的指示精神，坚持改革不停步，统筹推进“五位一体”总体布局，协调推进“四

① 中共中央文献研究室：《习近平关于社会主义生态文明建设论述摘编》，中央文献出版社2017年版，第142页。

个全面”战略布局，努力在推进低碳发展和生态文明建设领域继续走在全国前列。

二、广东低碳发展的主要成就

在推进低碳发展进程中，尤其是自开展国家低碳省试点工作以来，广东始终坚持前端减排与末端吸收并重、坚持科技创新和体制创新并举、坚持整体统筹和区域协调并进、坚持政府引导和社会共担并持。不断加快构建低碳产业体系和低碳能源体系，有效控制工业、建筑、交通、农业和废弃物处理等领域温室气体排放，大力增加森林碳汇，增强重点领域适应气候变化的能力，在制度建设、机制创新、市场培育、区域合作等方面做了大量卓有成效的努力，成就显著，亮点纷呈，彰显出广东敢为人先的开拓意识和敢于探索创新的担当精神。

（一）温室气体排放得到有效控制

1. 打造低碳产业体系

从广东省2014年各产业（部门）能源消费二氧化碳排放情况来看，农产业为961.25万吨，占全部碳排放的1.7%；工业为34 388.08万吨，占全部碳排放的61.7%；建筑业碳排放为1 411.80万吨，占全部碳排放的2.5%；交储邮业碳排放为6 175.77万吨，占全部碳排放的11.1%；商贸业碳排放为2 643.88万吨，占全部碳排放的4.7%；第三产业及其他碳排放为2 806.05万吨，占全部碳排放的5.1%；居民生活碳排放为7 371.43万吨，占全部碳排放的13.2%（见图6－1）。

“低碳产业”是以低能耗、低污染、低排碳为基础的产业。上面的数据分析可以看出，工业部门仍然是广东碳排放的主要部门，所以广东着力发展现代服务业、先进制造业和高新技术产业，推动经济发展迈向中高端，持续优化经济结构。首先，产业结构不断优化升级。2013年，广东第三产业现价增加值占GDP的比重上升到48.8%，超过第二产业成为国民经济第一大产业。2015年，第三产业比重继续提升到50.6%，首次超过50%，“三二一”发展格局基本形成。2016年，三大产业

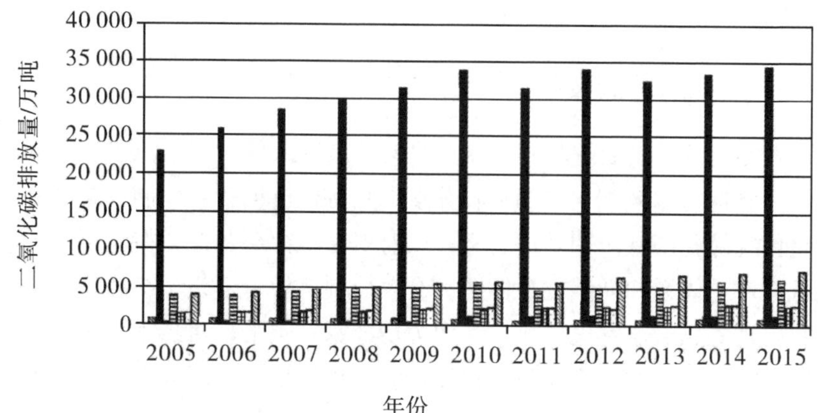

图6－1　2005—2015年广东省能源消费碳排放量

资料来源：《广东省2020年节能与碳减排目标研究》①。

结构进一步巩固优化为4.6∶42.8∶52.6。发展至今，广东已逐步建成中新（广州）知识城、珠海横琴新区、广州南沙新区、深圳前海四大现代服务业基地，带动形成了多个现代服务业聚集区，以服务业聚集发展模式推进金融、物流、信息服务、科技服务、外包服务、总部经济、文化创意产业等现代服务业的快速发展。其次，工业转型升级向低碳化、高端化演进。广东近年来大力推进战略性新兴产业发展，电子、装备制造、石化等产业布局更趋成熟合理，技术层次进一步提升，先进制造业和高技术制造业保持高于整体工业的增速，制造业加速从规模导向走向品质导向。2016年，广东先进制造业增加值和高技术制造业增加值分别占规模以上工业增加值比重为49.3%和27.6%。珠江三角洲地区作为国家自主创新示范区更是起到龙头带动作用，2016年珠江三角洲地区先进制造业和高技术制造业增加值占规模以上工业比重分别高达54.9%和32.5%，分别高于全省5.6%和5%。在传统产业尤其是控排企业②技术改造上，有超过80%的控

① 田中华：《广东省2020年节能与碳减排目标研究》（学位论文），华南理工大学2016年。

② 控排企业，是指广东规定纳入碳排放权交易试点范围的企业。

排企业实施了节能减碳技术改造项目，超过58%的控排企业实现了碳强度下降，使广东较好地完成国家下达的单位生产总值二氧化碳排放下降目标任务，2013—2016 年单位生产总值二氧化碳排放累计下降 22. 95%。[①] 再次，落后产能加速淘汰，供给侧结构性改革加速推进。以淘汰落后和过剩产能为抓手，倒逼企业完善工艺流程、升级生产设备，打造绿色低碳生产体系。“十一五”以来，广东以壮士断腕的勇气大力淘汰落后产能，累计淘汰钢铁 1 654 万吨、水泥 10 021 万吨、平板玻璃 1 781 万重量箱，超额完成国家下达的目标任务。

2. **建设低碳能源体系**

能源低碳化就是要发展对环境、气候影响较小的低碳替代能源。广东既是能源消耗大省，又是能源资源严重匮乏的省份，能源自给率低，环境容量非常有限。为此，广东不断优化能源结构，大力发展清洁能源、新能源和可再生能源，积极推进天然气开发利用，大力发展核能，加快水能、风能、太阳能、生物质能等可再生能源开发，核电已建和在建装机容量均居全国第一。同时，广东通过实施“上大压小”政策，将新建电源项目与关停小火电机组挂钩，在建设大容量、高参数、低消耗、少排放机组的同时，相对应地关停一部分小火电机组。广东在一次能源消费结构中，清洁能源消费比重从2005 年的23. 4%上升到2010 年的32. 7%；终端能源消费结构中，清洁能源消费比重从 2005 年的 35. 5% 上升到 2010 年的 43. 1%。2016 年，广东清洁能源消费量（含外购电）比 2012 年增长 66. 1%；清洁能源占能源消费总量比重从 2012 年的 21. 6% 上升到 2016 年的 31. 7%。[②] 珠江三角洲地区 2015 年煤炭消费量比 2012 年减少 1 227 万吨，提前完成国家下达的珠江三角洲煤炭消费减量目标任务。2016 年全省煤炭消费比重已下降到 42% 以下，非化石能源消费比重已提高到 21% 以上，能源结构处于全国领先地位，大幅降低了能源生产消费带来的碳排放。

---

① 数据来源：广东省统计局网站（http://www. gdstats. gov. cn/tjzl/tjkx/201709/t20170928_374048. html）。

② 数据来源：广东省统计局网站（http://www. gdstats. gov. cn/tjzl/tjkx/201709/t20170928_374048. html）。

另一方面，广东能源利用效率显著提高。提高能源利用效率也是有效减少能源二氧化碳排放的途径之一。产业结构和产业能耗强度等会对单位GDP能耗产生重要影响，其中产业能耗强度下降受到行业内产品结构、单位产品附加值、单位产品能耗等因素的共同作用。[①] 广东单位GDP能耗从2005年的0.794吨标准煤/万元下降到2016年的0.45吨标准煤/万元，处于全国领先水平。

3. 有序推进碳汇建设

土壤是陆地生态系统中最大的碳库，对降低大气中温室气体浓度、减缓全球气候变暖过程具有十分重要的作用。通过森林植物吸收大气中的二氧化碳并将其固定在植被或土壤中，从而减少该气体在大气中的浓度，就是碳汇。造林就是固碳，绿化就是减排。广东省通过持续推进林业重点工程建设、加快自然保护区建设、启动绿道网规划和建设等，不断扩大植树造林范围，全面提升造林质量，全力培育森林资源。

2010年，广东创纪录地完成了造林作业面积282万亩。2011—2015年，广东全省实施造林作业面积2 650万亩。党的十八大以来，广东实现围绕森林面积和森林蓄积量“双增”目标[②]，每年实施碳汇造林100万亩。截至2016年，全省完成营造林共计102.07万公顷。其中人工造林10.07万公顷，新封山（沙）育林9.73万公顷，退化林修复5.98万公顷，人工更新4.76万公顷，森林抚育71.53万公顷（见图6－2）。截至2017年，全省共完成森林碳汇造林1 558万亩，建设生态景观林带1.04万千米，全省森林面积、森林蓄积量、森林覆盖率分别进一步提高到1.63亿亩、5.73亿立方米和58.98%。造林面积不断扩大的同时造林质量也得到全面提升，林业发展方式逐步实现由以扩大森林面积为主的外延式向着力提高森林质量的内涵式转变，森林碳汇能力逐年增强，产生了积极且良好的效果。在体制机制上，广东进一步探索建立长期、稳定的碳汇造林资

---

① 谢健标：《新常态下广东省加快低碳发展对策研究》（学位论文），兰州大学2016年。

② “双增”目标是到2015年比2009年新增森林面积900万亩，新增森林蓄积量1.32亿立方米。

金投入机制，争取加大公共财政对植树造林的投入，督促市、县植被恢复费返还部分必须主要用于碳汇造林的配套，确保森林资源数量增长、质量提高、碳汇增加。

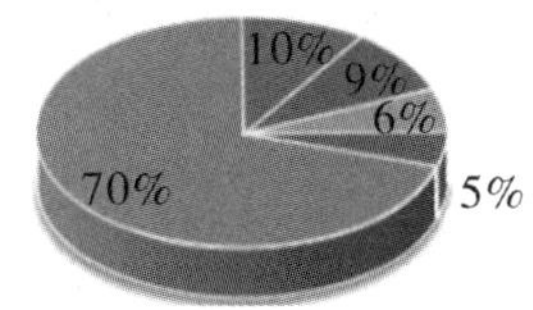

图 6 - 2　2016 年广东省营造林生产情况[①]

4. 发展绿色建筑和低碳交通

世界各国建筑能耗中排放的二氧化碳占全球二氧化碳排放总量的 30% ～ 40%。中国作为当今世界的建设大国，十分重视推广太阳能建筑、节能建筑等绿色建筑，积极推进建筑低碳化进程。广东高度重视发展低碳建筑，大力开展建筑节能工作，出台了《广东省民用建筑节能条例》，为全省发展建筑节能与绿色建筑提供法规保障。同时出台实施了《广东省绿色建筑评价标准》《平板型太阳能热水系统建筑一体化构造》等一系列标准和图集，逐步形成了具有岭南特色的建筑节能与绿色建筑技术标准体系。在实践中，广东以政府投资建筑、保障性住房、大型公共建筑（单体建筑面积在 2 万平方米以上）为重点，推动全省新建建筑逐步强制实施绿色建筑标准。“十二五”期间，累计建成节能建筑超过 6.2 亿平方米，折合节约能源约 560 万吨标准煤。全省发展绿色建筑超过 8 100 万平方米，绿色建筑面积位居全国前列，同时实现了绿色建筑在全省地级以上市全覆盖发展。对既有建筑的节能改造也卓有成效，“十二五”期间广东全省累计完成既有建筑节能改造超过 2 050 万平方米，其中完成既有居住建筑节

---

① 广东省林业厅：《2016 年广东省林业综合统计年报分析报告》，见广东省林业厅网（https://www.gdf.gov.cn/index.php?controller=front&action=view&id=10033261）。

能改造超过261万平方米。同时，广东还积极推动可再生能源建筑应用，要求地级以上市建设主管部门应当根据当地实际情况明确太阳能在建筑中的应用条件，加强对建筑应用太阳能技术的指导，并将推广可再生能源建筑应用纳入广东省建筑节能与绿色建筑工作督查的重要内容。“十二五”期间全省累计新增太阳能光热建筑应用面积5 202万平方米，新增浅层地能建筑应用面积52万平方米，新增太阳能光电建筑应用装机容量586兆瓦。在新型墙体推广应用方面，“十二五”广东省新型墙材应用总量超过670亿块标准砖，超过墙体材料应用总量的94%，累计节约标准煤超过415万吨。2016年全省新型墙材应用总量超过153亿块标准砖，占墙体材料应用总量比重高达98%。①

在交通运输领域。随着工业节能减排空间的缩窄，交通运输领域的污染排放占比逐年提高，大力发展绿色低碳交通是必然趋势。广东交通运输领域围绕绿色清洁发展战略，大力推进低碳交通运输体系建设，积极发展城市公共交通、轨道交通、智能交通和绿色慢性交通等。截至2015年年底，广东全省城市公共交通运营线路达6.5万千米，运营里程达9.3万千米，车辆规模达6.3万标台，规模均居全国第一。公交专用道里程852.5千米，城市轨道线路15条、共454.4千米，其中广州、深圳城市地铁客运量占公共交通客运总量比重分别达到40%和30%。全省21个地市“公交一卡通”全面开通，发卡量超过4 700万张；实现与港澳地区、新加坡互联互通。“十二五”期间，营运客车、营运货车、营运船舶单位运输周转量二氧化碳排放累计下降率分别为15.4%、11%和15.2%，港口生产单位吞吐量综合二氧化碳排放累计下降率为18.6%。在道路运输领域，营运客车不断向节能环保、高级化迈进，清洁能源及新能源车型比例大幅上升。至2016年年底，全省天然气营运车辆达4.07万辆，新能源营运车辆达3.38万辆。② 在水路运输领域，营运船舶向标准化、大型化和专业化方

① 苏力、贺元双：《广东单位GDP能耗之低全国第二》，载《南方日报》2017年6月6日A8版。

② 苏力、贺元双：《广东单位GDP能耗之低全国第二》，载《南方日报》2017年6月6日A8版。

向发展，乡镇渡口木质、水泥渡船基本完成更新改造。加快淘汰小型老旧船舶，开展内河船型标准化建设，开展LNG船舶试点。推进船舶靠港技术改造，港口装备向技术先进、高效低耗型转变，全省大型集装箱码头“油改电”已基本完成。

（二）减碳市场机制逐步健全

1. 建立碳排放权交易市场

推行碳排放权交易制度是贯彻落实新发展理念，运用市场机制实现温室气体排放控制目标的重大改革举措。2011年10月，国家发展改革委员会批准广东和深圳等7省市开展碳交易试点工作。2013年12月19日，广东省正式启动运行碳市场，经过探索创新、稳步推进和不断完善发展，已基本建立起系统完备、公开透明、运行高效、全国领先、全球瞩目的碳排放权管理和交易市场体系。

纳入控排企业范围方面，2017年，根据《广东省民航、造纸行业2016年碳排放配额分配实施方案》，增加纳入造纸、航空行业，至此，广东省控排企业范围包括了电力、钢铁、水泥、石化、造纸、航空六大行业，2017年覆盖企业246家，占全省碳排放量60%以上（见图6－3）。

配额分配方面，广东不断优化配额分配方法和有偿配额竞价发放机制。在全国7个碳交易试点省市中，广东是唯一采用配额免费发放和有偿发放相结合的试点地区。2013年12月16日，广东省碳排放配额首次有偿发放在广州碳排放权交易所成功举行，成交300万吨，金额达1.8亿元。广东试点碳市场自启动运行以来，已成功进行数十次一级市场的配额有偿拍卖。配额有偿发放经历了由政府确定拍卖价格到形成与二级市场联动的政策保留价机制，市场配置资源的作用不断被发挥，广东一、二级市场并重发展的成熟理念也深受市场认可，经过探索推进，广东已经成为首个具备成熟有偿分配经验的试点地区。同时，广东在推进碳交易的探索中进一步优化配额总量设定和分配机制，做到“优化存量、控制增量”，进一步完善配额有偿发放机制（见图6－4）。截至2016年年底，广州碳排放权交易所已成为全国规模最大也是唯一的有偿配额发放竞价平台。

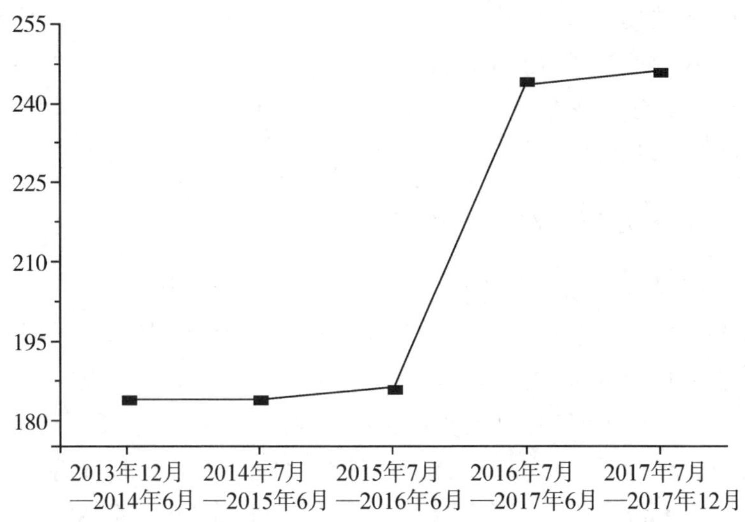

图 6－3　广东碳交易控排企业数

数据来源：广州碳排放权交易所官网（http://www.cnemission.com/）。

市场交易方面，截至 2016 年 5 月 12 日，广东碳市场累计成交配额 2 621.33万吨，总成交金额 10.02 亿元，成为全国首个配额现货总成交金额突破 10 亿元大关的试点碳市场；累计成交国家核证自愿减排量（CCER）4 095 550 吨，高居全国前三。截至 2017 年 12 月 31 日，广东碳排放配额（GDEA）累计成交量突破 6 500 万吨，累计成交金额突破 15 亿元，均居全国区域碳市场首位（见表 6－1、图 6－4、图 6－5）。CCER 累计成交量接近 2 800 万吨，位居全国次席。从市场参与主体看，机构投资者正逐步成为二级市场交易主力，2017 年机构投资者完成的交易量（包括买入和卖出）为 1 953 万吨，占年度总交易量的 55.62%。个人投资者交易也日趋活跃，成交量（包括买入和卖出）为 328 万吨，占总成交量的 9.34%，较 2016 年大幅增长 85.7%。上述交易数据和市场参与情况也显示出，广东碳市场已初步成为具有良好流动性的碳交易市场。

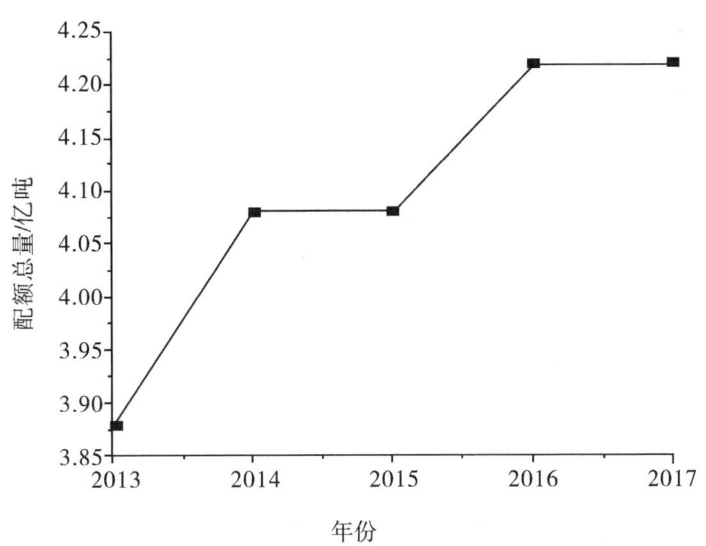

图 6－4　2013—2017 年广东碳排放配额情况

数据来源：广州碳排放权交易所官网（http://www.cnemission.com/）。

注：2016 年度，原四大行业配额分配量降至 3.86 亿吨，增加造纸和航空行业后配额总量为 4.22 亿吨。

表 6－1　广东碳市场累计成交量与累计成交金额在全国 7 个试点的占比

单位：%

	成交量	成交金额
2013 年 12 月—2014 年 6 月	50.49	62.26
2014 年 7 月—2015 年 6 月	36.12	45.28
2015 年 7 月—2016 年 6 月	31.30	36.60
2016 年 7 月—2017 年 6 月	34.86	35.47
2017 年 7 月—2017 年 12 月	31	32

数据来源：广州碳排放权交易所官网（http://www.cnemission.com/）。

企业履约方面，自碳市场启动以来，控排企业严格执行相关政策规

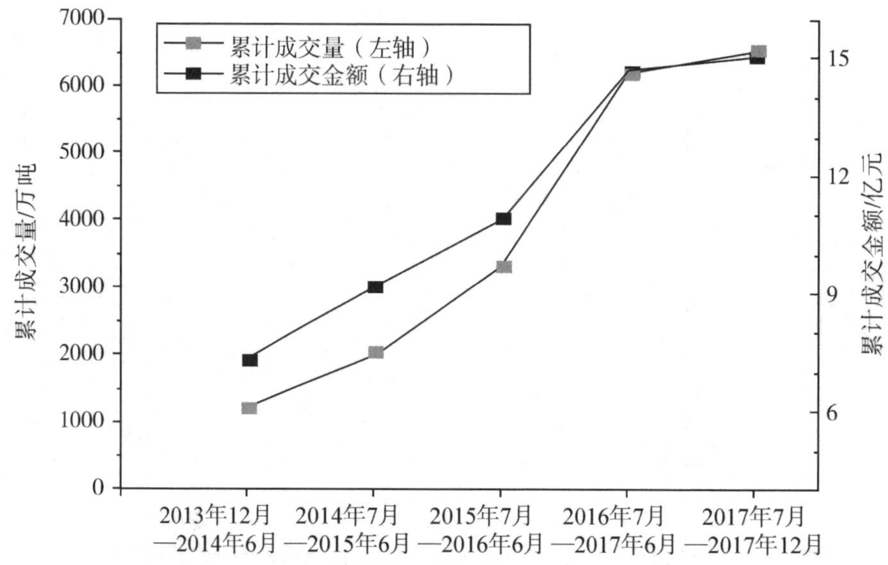

图 6－5　广东碳市场配额累计成交量与累计成交金额

数据来源：广州碳排放权交易所官网（http://www.cnemission.com/）。

定，积极履约。2017 年 6 月 20 日，广东碳市场完成第四个履约年度，即 2016 年度的配额清缴履约工作，控排企业履约率连续 3 年达 100%。

减排效果方面。经过数年的碳市场建设，广东碳市场的市场化节能降碳效果显著，实现了碳排放总量和碳强度双降。六大行业碳排放总量较 2013 年下降 4%，控排企业主要产品碳强度实现了下降。2016 年度水泥熟料、粗钢、原油加工、机组发电的主要单位产品碳排放较 2015 年度分别下降了 3%、3%、0.5% 和 5%，新纳入的造纸行业主要单位产品碳排放较上年度下降幅度达 13.7%、航空企业单位周转量碳排放下降 0.8%。超过 80% 的控排企业实施了节能减碳技术改造项目，超过 58% 的控排企业实现了碳强度下降。2013—2016 年广东省单位 GDP 二氧化碳排放累计下降 22.95%。

2. 探索绿色低碳金融工具

广东省依托市场经济较为发达、市场机制相对完善的优势，在低碳试

点工作启动之初，就加快构建绿色金融体系，不断探索开发碳金融工具，先后推出了碳排放权抵押金融、碳配额回收交易、碳配额远期交易等一系列创新型碳金融产品，并有数个融资项目成功落地，有效地引导社会资源分布，对推动绿色低碳发展起到了重要的导向和促进作用。同时，广东还不断加快研究开发碳掉期、碳租赁、碳债券、碳资产证券化和碳基金等碳金融产品和衍生工具。2016 年 4 月，广州碳排放权交易所创新推出了全国首个绿色金融服务平台——广碳绿金。通过这一平台，不仅可以整合与绿色金融相关的信贷、债券、股权交易、基金、融资租赁和资产证券化等产品，还可实现企业与相关金融机构的对接，大大加快了绿色金融政策的落地速度。2016 年 5 月，广州微碳投资有限公司与河源和兴水泥完成碳排放配额远期交割，成交量为 19 320 吨，标志着国内第一单碳排放配额远期交易业务正式落地。2017 年，广东省配额回收成交 244.81 万吨，完成配额托管业务量 740 万吨，完成碳配额远期交易 123.31 万吨，完成国内首笔民营企业碳配额低碳融资业务（600 万吨）。广碳绿金平台 2017 年收集到 12 家意向融资方，意向融资金额达 5.4 亿元，同时，2017 年有 10 家合作机构进驻广碳绿金，意向出资金额高达 30 亿元。

（三）示范试点网络基本形成

建立低碳试点示范是推动地方低碳发展的重要抓手，广东省多层次低碳试点示范网络建设成效显著。包括创建了一批布局合理、资源节约、生产高效、生活宜居的低碳城市、县（区）、城镇、社区，打造了一批产业高度集聚、地区行业特色鲜明、低碳生产力高的低碳园区，培育了一批掌握低碳核心技术、具有先进低碳管理水平的低碳企业。通过试点示范，试点主体碳排放得到了有效控制，低碳生产生活方式逐步形成，低碳发展机制日趋完善，凝聚了全社会对低碳发展的共识，为全省乃至全国的绿色低碳发展提供了很好的示范带动作用。

1. 建立“城市—城镇—园区—社区”多层次示范体系

广东省以建立健全低碳发展制度、推进能源优化利用、打造低碳产业体系、推动城乡低碳化建设和管理、加快低碳技术研发与应用、形成绿色低碳的生活方式和消费模式为重点，以点带面深入推进多层级示范体系。

（1）在低碳城市（镇）建设上。

2013 年年底，广东省政府与住房和城乡建设部签署了《关于共建低碳生态城市建设示范省合作框架协议》，广东成为全国第一个在全省范围内推进低碳生态城市建设的省份。截至 2016 年年底，广州、深圳、中山被列入国家低碳试点城市，深圳国际低碳城、珠海横琴新区被评为国家低碳城（镇），佛山南海西樵镇入选国家第一批绿色低碳示范重点小城镇。广东省发改委还开展了本省低碳城市、县（区）试点工作，首批选取广州、珠海、河源、江门和珠海横琴、佛山禅城、佛山顺德、韶关乳源、河源和平、梅州兴宁、梅州大埔、云浮云安 4 市 8 县（区）为省级低碳试点。

（2）在低碳园区建设上。

广东省选取广东状元谷电子商务产业园、广东乳源经济开发区、深圳南山（龙川）产业转移工业园为省内首批低碳园区改造试点，安排超过 1 500 万元支持低碳园区项目建设，包括逐步完善园区低碳规划，构建园区低碳能源、低碳建筑等支撑体系，创新低碳园区管理模式等。广东省发改部门及时总结推广低碳园区试点建设经验，制定和完善了低碳产业园区试点评价指标体系和建设规范。在首批低碳园区试点工作开展后，广东还以原有的循环经济工业园区为突破口逐步扩大了低碳园区试点范围，鼓励各园区开展低碳建设工作，在产品层面加强低碳生产设计，积极采用清洁生产技术，不断提高原材料和能源消耗使用效率，强化全生命周期碳排放管理。

（3）在低碳社区建设上。

低碳社区是指通过构建气候友好的自然环境、房屋建筑、基础设施、生活方式和管理模式，降低能源资源消耗，实现低碳排放的城乡社区。广东积极开展低碳社区示范项目建设，包括开展低碳示范社区评价指标体系研究，将社区碳排放指标纳入社区规划和建设指标体系，对新开发小区建设方案和既有社区改造方案开展低碳专项评审等。仅 2014 年，广东省就安排 1 100 万元低碳发展专项资金支持中山市小榄低碳社区、河源市和平

县鹤市镇低碳社区等5个低碳社区示范项目。结果表明，低碳示范社区在建筑低碳节能、低碳交通和绿色出行、新能源利用、生活垃圾分类、水资源节约示范、低碳生活与管理以及社区碳排放量化等方面均起到良好的示范作用。以广州市越秀区都府社区为例。该社区是广东省推动建设的众多低碳社区之一，近年来都府社区进行了一系列的低碳节能改造，包括将社区内的路灯、草地灯全部更换成太阳能或LED灯，公共场所洗手池和部分家庭还安装了节水器，设置了鼓励居民低碳出行的便民自行车驿站。据统计，仅LED灯改造一项就实现减排二氧化碳达223吨。低碳新气象让这个位于广州老城的老社区再换新颜。

2. 开展低碳产品认证示范

低碳产品认证可以从公众的消费选择视角引导和促进企业开发低碳产品技术，向低碳生产模式转变，最终达到减少全球温室气体排放的目标。作为国家低碳产品认证试点之一，广东省近年来率先针对珠江三角洲地区特别是自由贸易试验区的企业开展绿色低碳产品认证培训等推广工作，并完善了产品碳足迹评价通则，选定造纸和纺织行业相关产品，深度开展碳足迹试评价试点。广东省还积极探索编制低碳产品认证实施方案，在中小型三相异步电动机、铝合金型材、电冰箱、空调等产品中开展低碳产品认证示范。2016年，广东省制定完成了铝合金建筑型材等绿色低碳产品评价技术规范，且已通过国家认监委认定并对外发布，相关产品的低碳认证示范也启动开展，鼓励企业申报国家绿色低碳产品认证证书，组织企业参与研发行业绿色低碳产品的评价规范等，逐步扩大了绿色低碳产品认证的覆盖范围。

粤港两地共同推进实现碳标签互认工作也成效卓著。2016年3月18日，粤港两地认证机构签署了关于开展碳标签合作的谅解备忘录。根据产业能耗和碳排放特征，广东省选择造纸和纺织业对其制定了相关产品种类的碳标签规则，并选取部分企业开展了碳足迹评价试点，为碳标签认证做足充分准备。在此基础上，粤港两地已开展纸制品、纺织品的碳标识、碳标签的互认机制研究，未来实现粤港碳标签互认后，企业可一次申请为产品获得粤港两地碳标签，并同时享受两地碳标签的优势与待遇。广东与美国加州联合碳标签示范工作也已进入探索展开阶段。

3. 启动碳捕集、利用和封存技术研发示范

碳捕集、利用与封存（CCUS）是一项新兴的、具有大规模减排潜力的技术，有望实现化石能源使用的二氧化碳近零排放，被认为是进行温室气体深度减排最重要的技术路径之一。[①] 谁掌握了碳捕集、利用和封存技术，谁就掌握了未来全球适应气候变化技术高地。开展CCUS技术的研发、储备和示范，将为中国未来温室气体减排提供一种重要的战略性自主选择权，广东省积极响应国家部署，探索开展碳捕集、利用和封存技术研究和试验，2013年9月，广东与英国签署了《共同促进CCUS产业与学术交流备忘录》，同年底，中国能源建设集团广东省电力设计研究院有限公司、清洁能源有限公司、英国碳捕集与封存研究中心、苏格兰碳捕集与封存中心等机构携手在广东成立了中国首家中英（广东）碳捕集利用与封存（CCUS）中心，该中心也是支持国内外CCUS技术合作和示范的重要平台。2015年1月，广东南方碳捕集与封存产业中心作为中英（广东）CCUS中心在国内的执行机构，在广东省完成注册成立手续。2015年6月，在该中心的推动和协调下，广东省碳捕集、利用与海上封存项目（GOCCUS）被列入国家发改委和美国能源部的气候变化工作组框架，这既是中、英、美3国联合开发的项目，也是中美两国共同促进碳捕集和封存以及碳捕集、利用和封存实施的大规模一体化示范项目之一。2016年至2017年年底，华润电力（海丰）电厂CCUS预留及CCUS示范项目、中海油惠州炼油厂碳捕集改造预可研项目、佛山恒益燃煤电厂碳捕集改造预可研项目、英国繁荣基金珠江口盆地二氧化碳注入准备研究项目等陆续启动，部分项目已取得初步研究结论。其中，2016年3月14日，广东省华润海丰电厂碳捕集测试平台建设正式启动。在“十三五”期间，广东省还将在火电、化工、水泥、钢铁等行业选择若干重点企业，令其根据自身实际情况，选用合适的碳捕集技术开展碳捕集试验示范项目，对其捕集能

---

① 仲平、彭斯震、贾莉等：《中国碳捕集、利用与封存技术研发与示范》，载《中国人口·资源与环境》2011年第21卷第12期，第41－45页。

耗、物料消耗及投资价值进行合理评估。在具备条件的地区开展封存试验项目，探索建设二氧化碳捕集、驱油、封存一体化示范工程，加强二氧化碳捕集点与封存地的匹配和衔接，逐步提高试验示范项目经济效益。

4. 推进近零碳排放区示范工程

近零碳排放区示范工程是指基于现有低碳试点工作基础、涵盖多领域低碳技术成果，在工业、建筑、交通、能源、农业、林业、废弃物处理等领域综合利用各种低碳技术、方法和手段，以及增加森林碳汇、购买自愿减排量等碳中和机制减少碳排放，从而在指定评价范围内的温室气体排放量逐步趋近于零并最终实现绿色低碳发展的综合性示范工程。实施近零碳排放区示范工程，是对现阶段低碳试点工作的整合提升，有利于低碳技术研究成果的集成推广，能够为实现更高层次“零碳”发展目标探索路径、创新示范和积累经验。① 党的十八届五中全会通过的《中共中央关于制定国民经济和社会发展第十三个五年规划的建议》首次提出“实施近零碳排放区示范工程”。根据中央精神和国家工作部署，珠江三角洲地区实施近零碳排放区示范工程已纳入广东省“十三五”规划，并被列为2016年度省政府年度重点工作之一。2017年，广东省发改委印发了《广东省近零碳排放区示范工程实施方案》（粤发改气候函〔2017〕50号）。依据资源禀赋和基础条件，突出发挥比较优势，2017年广东省设立了汕头市南澳县近零碳排放区城镇试点、珠海市万山镇近零碳排放区城镇试点、广东状元谷近零碳排放区园区试点和中山市小榄镇北区近零碳排放区社区试点共4个省级近零排放区试点，并安排了专项补助资金。

（四）低碳发展基础能力不断夯实

1. 系统构建气候变化统计制度

广东省从系统体系建设角度出发不断完善气候变化统计制度，深入推进应气候变化统计工作，逐步完善了应对气候变化统计指标体系和温室气

① 广东省发展和改革委员会：《广东省近零碳排放区示范工程实施方案》，见广东省发展和改革委员会官网（http://www.gddrc.gov.cn/zwgk/ywtz/201701/t20170122_418132.shtml）。

体排放统计制度，在能源、工业、农业、林业、废弃物处理等方面的统计基础工作和能力建设得到进一步加强，实现了对温室气体排放，尤其是重点控排企业碳排放的可监测、可报告与可核查目标。广东省制定了省、市、县温室气体排放清单编制指南，建立完善了省、市两级行政区域能源碳排放年度核算方法和报告制度，建立和实施了重点企事业单位温室气体排放数据报告制度。在报告数据核查方面，广东从省内外机构中严格遴选了数十家优秀核查机构，初步培育形成了一支专业水平高、实战经验丰富的专业核查队伍。

2. 建立碳排放信息披露制度

信息不对称是阻碍碳市场健康发展的重要原因。温室气体信息公开，一方面有利于政府部门深入了解碳排放企业的整体风险，另一方面也可为市场和公众提供更多的信息，逐渐减少碳市场的信息不完全和不对称，实现碳市场的公开、透明与规范化发展。广东省建立了低碳发展和温室气体排放"云平台"，定期公布全省温室气体排放数据和低碳发展目标实现及政策行动进展情况，并且鼓励企业主动公开温室气体排放信息，国有企业、上市公司、纳入碳市场的控排企业更被规定要率先公布温室气体排放信息和控排行动措施等。

3. 筑牢低碳发展政策体系

低碳经济的实质是以低碳技术为核心、低碳产业为支撑、低碳制度为保障，通过创新低碳管理模式和发展低碳文化实现社会发展低碳化的经济发展方式。在成为低碳试点省之后，广东应对气候变化和低碳发展相关政策不断建立健全，并积极统筹用好省级低碳发展有关资金，做好低碳项目的资金保障工作。广东出台了一系列综合配套政策，完善了气候投融资机制，积极运用政府和社会资本合作（PPP）模式及绿色债券等手段，支持应对气候变化和低碳发展工作。广东积极发挥政府引导作用，完善涵盖节能、环保、低碳等要求的政府绿色采购制度，开展了低碳机关、低碳校园、低碳医院等创建活动，2016年，共有292家公共机构建成节水型单位，空调通风系统节能改造86.7万平方米，数据中心节能改造面积约1.8万平方米。此外，广东还不断加快推进能源价格形成机制改革，规范并逐

步取消了不利于节能减碳的化石能源补贴。

4. 强化低碳学科和研究基地建设

广东省不断加快应对气候变化学科建设，支持高校和科研院所设立应对气候变化相关专业，鼓励自然科学与社会科学的学科交叉与结合，逐步建立具有区域影响力的应对气候变化学科体系，强化学科支撑。广东省结合高校、院所、科研机构等支持低碳发展领域工程技术类研究中心和战略政策研究基地建设，打造了一批具备集聚产业技术研发及专业技术服务功能的产学研联合载体。广东还积极推动产学研结合和国际合作，如以中科院广州能源研究所为代表的科研机构与意大利、丹麦、瑞典、日本等多个国家在生物质能利用技术等领域进行了广泛的合作，建立了长期合作的科研共建平台，为区域内外多家企业提供了新能源产业化技术支持。

（五）全民参与低碳建设取得突破

绿色低碳不仅是一种全新的经济发展模式，也是一种新型的生活方式和消费模式。广东积极引导居民树立尊重自然、顺应自然、保护自然的生态文明理念，努力形成以低碳生活为荣的社会风尚和共建和谐低碳家园的社区文化。首先，广东开展了低碳家庭创建活动，鼓励社区内居民在衣、食、住、用、行等各方面践行绿色消费理念，绿色消费是一种以适度节制消费、避免或减少对环境的破坏、崇尚自然和保护生态等为特征的新型消费行为和过程；其次，广东制定和发布了社区低碳装修、低碳生活指南，引导居民自觉减少能源和资源浪费，倡导清洁炉灶、低碳烹饪、健康饮食，减少食品浪费，鼓励选用低碳节能节水家电产品以及简约包装商品，鼓励采用步行、自行车、公共交通、拼车、搭车等低碳出行方式；最后，广东全面实施社区居民低碳生活服务设施建设，逐步完善社区商业低碳供应链；另外，广东设立了社区低碳宣传教育平台，组织开展了多种形式的宣教引导和实践体验活动，推介低碳知识，宣传低碳典型。倡导“135”绿色低碳出行方式，即 1 千米以内步行，3 千米以内骑自行车，5 千米左右乘坐公共交通工具。

在推动建设全民参与型低碳社会的进程中，广东探索性地在全国首创了碳普惠制——全国首个促进小微企业、家庭和个人碳减排的创新性制度举措。该机制为小微企业、社区家庭和个人的节能减碳行为赋予了一定价值，并建立起一套商业激励、政策鼓励和核证减排量交易相结合的正向引导机制。这不仅是低碳权益惠及广大民众的具体表现，更是推动形成绿色低碳生活方式的一项制度创新。2015年7月，广东省发改委印发了《广东省碳普惠制试点工作实施方案》，明确提出了碳普惠制试点工作的意义、目标和任务；2016年1月发布了《广东省发展改革委关于首批碳普惠制试点工作方案的批复》，确定广州、东莞、中山、惠州、韶关、河源6市为首批碳普惠制试点。碳普惠制试点推广至今，广东省逐步建立和完善了包括制度文件、组织框架、标准体系和系统平台在内的一系列顶层设计。2016年度广东碳排放配额履约工作中，用于控排企业履约的广东省省级碳普惠制核证减排量（PHCER）共计239 197吨。截至2018年6月，累计备案签发PHCER 63万吨，碳普惠微信服务号累计关注人数超过5万人。

广东按照“低碳权益人人共享”“谁低碳谁受益”的核心理念创新探索出的碳普惠制，对建设全民参与型低碳社会意义非凡，它可以通过市场手段或经济激励措施对那些自觉践行低碳进而为低碳社会创建做出贡献的民众给予合理激励，与此同时，碳普惠制还可以产生以消费端（需求侧）低碳需求带动生产端（供给侧）自愿减排的内生激励效果，最终推动形成政府引导、市场主导、全社会共同参与的低碳建设新格局。

三、广东推进低碳发展的主要经验

在南粤大地这片改革不停步、开放不止步的热土上，经过多年的实践探索和坚持不懈地努力，广东已经在推动绿色转型和低碳发展进程中形成了可资示范借鉴、可供复制推广的地区发展经验。

（一）坚持以组织体系建设为保障

气候变化问题和低碳发展日益显示出对国家经济、政治稳定的重要意义，同时，节能减碳工作又涉及工业、农业、林业、交通、建筑等多领

域、多部门，现有条块分割的组织管理体制很难实现统一协调、高效运行的目的，这就更加凸显出强化组织领导和体制建设的重要性。

鉴于此，广东省在推动低碳发展的探索中，逐步建立起了由上而下、系统完善的组织支撑体系。首先，广东省政府早在 2007 年就成立了省节能减排工作领导小组，并于 2010 年调整为气候变化及节能减排工作领导小组。领导小组主要负责研究确定全省应对气候变化的重大战略、方针和对策，协调解决应对气候变化工作中的重大问题。实践证明，省应对气候变化工作领导小组在长期的低碳发展工作中，充分发挥出统筹协调作用，各个部门在领导小组的协调中逐步明确了各自的部门分工和工作责任，形成低碳发展工作合力。其次，广东省政府在低碳省试点工作联席会议制度下，专门设立了广东省碳排放权交易试点专责协调领导小组，由省常务副省长任组长，统筹推进试点工作。再次，依据《广东省碳排放管理试行办法》（粤府令第 197 号），广东省发改委被赋予全省碳排放管理职能。为进一步提高工作效率，广东省发改委新设立了应对气候变化处作为专责部门，具体负责全省应对气候变化和碳排放的管理工作，包括碳排放管理相关配套政策的制定及实施、监督企业碳排放行为、引导碳排放权交易市场健康有序发展等。在具体实践中，广东省发改委还逐步探索并建立起省市两级碳排放管理体制，由地方发改部门负责辖区范围内碳排放报告报送和督促企业履约，工作效率进一步得到提升。最后，广东省发改委与高校共建广东省应对气候变化研究中心，负责碳排放日常管理及技术支撑等工作。

（二）坚持以市场体系建设为手段

市场决定资源配置是市场经济的一般规律，党的十八届三中全会《中共中央关于全面深化改革若干重大问题的决定》明确指出，使市场在资源配置中起决定性作用。党的十九大报告进一步指出要“构建市场导向的绿色技术创新体系”。习近平总书记指出，“看不见的手”和“看得见的手”都要用好，努力形成市场作用和政府作用的有机统一、相互补充、相互协调、相互促进的格局，推动经济社会持续健康发展。环境容量也是一种准市场资源，解决环境问题的政策工具大致可以分为3类：命令与控制型政策工具、经济激励型政策工具、协商与公众参与型政策工具。碳排放权交易就是一种典型的基于市场机制，设计和建立起来的经济激励型环境政策工具。它在一定程度上解决了经济社会发展和生态环境保护相悖的矛盾，实现了二者的双赢。无论是在理论论证还是实践检验过程中，相比以“征税—补贴”为基本内容的庇古手段和“命令—控制”型的管制手段，碳排放权交易在社会宏观层面上和企业微观层面上都具有显著的制度优越性。最显著的就是，在微观上有利于降低企业减排成本、激发企业技术创新和技术进步，以一种成本有效的方式降低排放；在宏观上可以降低碳减排的社会总成本，实现全社会环境容量资源的优化配置。

广东的碳排放权交易市场经过数年的建设和完善，在不同程度上均体现出了上述排放权交易制度的优越性，成为推进广东低碳发展的有效手段，同时也为全国碳市场建设贡献自身力量。2011年10月，广东省和深圳市被国家发展改革委员会确定为第一批2省5市碳排放权交易试点省市。广东省委、省政府高度重视，将碳排放权交易作为贯彻落实五大发展理念、推动生态文明和供给侧结构性改革、运用市场机制实现温室气体排放控制目标的重大改革与体制机制创新。自2013年12月广东省碳排放权交易市场开锣启动至今，经过不断探索经验、完善机制、努力创新，广东省已建立起系统完备、公开透明、运行有效、全国领先的碳排放管理和交易市场体系。纳入行业和企业范围不断扩大，控排企业连续3年100%完成配额清缴履约任务，市场交易活跃度和流动性不断提升，市场配置资源的能力显著增强，企业碳资产管理意识逐步显现，整个市场体量已位居国内七大试点地区之首，并成为仅次于欧盟和韩国的全球第三大市场。

综合来看，广东对碳排放权交易市场探索的经验可总结为以下几个方面。第一，坚持总量控制、适度从紧的配额管控政策得以实施。“十二五”期间广东省承担的降碳指标任务为全国最高，为实现减排目标，广东碳交易市场建设坚持“总量控制、适度从紧”的政策，2013—2015年的配额总量分别为3.88亿吨、4.08亿吨和4.08亿吨，2016年配额总量降至3.86亿吨，其中控排企业配额减少500万吨，管控力度持续收紧。广东还

率先将新建项目纳入碳排放管理，规划新上项目时需进行碳评，并在配额总量设定时予以统筹考虑，做到“优化存量、控制增量”。第二，坚持正向激励，建立“优胜劣汰”的配额分配机制，引导技术进步。广东省采用基准线法为主、历史法为辅的配额分配方式，同时基准值均采用国内先进值或行业标杆，引导企业加快转型升级。2016 年，采用基准线法分配的配额占比已经高达总量的92%。第三，坚持有偿分配，环境资源稀缺、有偿使用理念得以树立。广东是全国唯一进行配额免费和有偿分配相结合的试点地区，试点第一年有偿配额比例为 3%；2014 年，电力企业有偿配额比例提升到5%。这种分配方式让企业一方面可以获得大部分免费碳资产，同时也通过有偿获取贯彻“资源稀缺、使用有价”的理念，企业主动减排意识得到提升。截至 2017 年 7 月，广东省已成功组织了 16 次有偿配额拍卖，拍卖总收入约 8 亿元，为未来全国碳市场配额有偿发放管理工作提供了有益借鉴。第四，坚持公开透明，良好健康的市场环境得以培育。碳市场是一种由政府创设出来的政策市场，所以政策的不确定性会极大影响市场稳定性。广东省一直致力于建立公开透明的市场环境，通过政策稳定和公开透明来稳定市场预期。广东省连续 3 年对包括配额总量、分配方法、分配因子、基准值、有偿配额数量、参与企业名单等在内的关键政策信息及时公布，是有效信息公布最多的试点地区之一。第五，坚持严格监管，市场各方切身利益得以有效保障。建立科学有效的第三方核查制度，对控排企业的年度排放报告进行核查。同时，对核查机构监管部门同样每年进行绩效考核与监管，建立核查机构黑名单制度，一旦进入黑名单将被取消核查资格并追求相关责任。第六，广泛听取意见，民主的管理决策机制得以建立。在整个碳排放管理过程中，政府充分听取各利益相关方意见，进行科学民主决策。以配额分配为例，广东省建立了由政府部门、领域专家、行业协会和企业代表组成的配额评审委员会制度，配额方案须经评委会评审再报送省政府批准方可实施。同时，还依托行业协会和研究机构组建了行业配额技术评估小组，负责收集反馈企业意见，以完善配额分配管理工作。①

（三）坚持以能力体系建设为利器

“工欲善其事，必先利其器”，能力就是应对气候变化的利器。能力建设在应对气候变化中的含义，各方解释不同。在《21世纪议程》中能力建设意味着发展一个国家在人员、科学、技术、组织、机构和资源方面的能力。② 根据《IPCC第三次评估报告》的术语表，能力建设被定义为：“在气候变化中，开发发展中国家和经济转型期国家的技术技能和机构运转能力，使这些国家参与从各个层面的气候变化适应、减缓和研究并执行京都机制等工作”③。从这些定义可以归纳出，能力建设是指一个国家在应对气候变化中，介入从各个层面的适应、减缓工作，并研究、履行公约义务的技术技能和机构运转能力。这样的能力建设包括了管理体制和工作机制的完善、相关法律和重大政策文件的制定、统计核算能力的加强、科技和政策研究支撑能力的提升以及人才的培养等多个方面。这其中，特别是温室气体统计核算、气候变化监测、灾害风险管理和应急处置、科技支撑和研究能力以及人才培养是应对气候变化的基础能力建设。加强应对气候变化能力建设，为保护全球气候做出新贡献，这是党的十七大就明确提出的重要战略任务。相对于欧盟等发达国家，应对气候变化工作在我国起步较晚，基础相对薄弱，因此急需加强相关基础能力建设，为推动低碳发展提供重要支撑。

正是深知这一点，广东省在应对气候变化工作的全过程中，始终坚持强化基础能力体系建设。2008年，广东遭遇历史罕见的暴雪寒冬，极端气候频发拷问着预警机制，在当时就有院士建议将“加强应对气候变化能力建设”写入《政府工作报告》，因此《应对气候变化，加强气象防灾减

---

① 广东省发展和改革委员会：《广东省碳排放权交易试点工作综述》，载《中国产经》2017年第6期，第12－17页。

② 国家气候变化对策协调小组办公室与中国21世纪议程管理中心：《全球气候变化——人类面临的挑战》，商务印书馆2014年版，第212页。

③ 张坤民、潘家华、崔大鹏：《低碳经济论》，中国环境科学出版社2008年版，第676页。

灾能力建设情况》被列入广东省人大常委会2009年监督工作计划，2009年7月，省政府向省人大常委会呈报了《关于应对气候变化，加强气象防灾减灾能力建设情况的报告》。2011年，广东省人民政府印发《广东省应对气候变化方案》，对气象防灾减灾体系建设，包括提高气象灾害监测、预报、预警和防御能力，以及加强气象防灾减灾基础设施建设都做了翔实规定。2013年12月，广东省发展和改革委员会和广东省统计局联合印发《广东省发展改革委 广东省统计局关于加强应对气候变化统计工作的实施意见》，统计核算制度得以完善。一是推动建立全省应对气候变化统计指标体系，包括气候变化及影响、适应气候变化、控制温室气体排放、应对气候变化的省财政资金投入以及应对气候变化相关管理等5大类，涵盖19个小类、36项具体指标；二是完善温室气体排放基础统计工作，包括完善能源统计、健全工业相关统计与调查、完善农业相关统计与调查、完善土地利用变化及林业相关统计与调查、完善废弃物处理相关统计与调查；三是建立重点企业碳排放信息报告核查制度。同时，还提出要加强基础统计机构能力建设，充实温室气体排放基础统计队伍，建立负责温室气体排放与核算的专职工作队伍，县级以上统计机构要配备与工作相适应的统计人员。加大专业培训力度，提高从业人员的相关业务水平和工作能力。此外，广东省还建立省级温室气体综合性数据库信息化平台，按国家要求组织重点排放单位填报数据。在清单编制方面，广东省2005年和2010年温室气体清单已经编制完成并通过国家验收，2012年和2014年省级清单编制也已经立项，并逐步推动若干市县开展清单编制工作，从省—市—县三级逐步摸清碳排放的家底。

在碳交易市场建设过程中，广东省更是倾其全力开展基础能力建设工作。包括大力开展能力培训，组织地市发改系统、控排企业、核查机构、交易从业人员等系统开展各类专题培训60余批次，培训人员约6 000人次。通过学习培训，各方控制温室气体排放和参与碳市场的能力得到显著提升。广东省每年在低碳专项资金中，会专门划拨一部分用于碳交易和碳市场建设机制研究及相关具体工作。

根据《2017年广东国家低碳省试点工作要点》，广东下一步还将完善

应对气候变化基础统计和调查制度，探索省市县三级温室气体清单编制。同时还要加强气候变化观测和影响评估工作，推进华南区域温室气体排放（浓度）本底监测网建设，推进气候资源开发利用和气候可行性论证。

（四）坚持以智库网络建设为支撑

低碳经济作为一种全新的经济发展模式，逐渐成为世界各国的主流发展方式。而在低碳经济的发展过程中，人力资本的投入和智库智力的参与发挥着重要的支撑作用。

广泛寻求专业机构、专家团队、智慧集团的智力支持，是广东推进低碳发展工作的又一大特色。省内众多学术机构在低碳发展进程中充分发挥智库作用和专业优势，为广东绿色低碳发展提供智力支持，正可谓“担治理支撑重任，谋低碳发展大计”。在碳排放权交易体系设计之初，广东省就依托中山大学、中科院能源所、广东省社会科学院、广东省技术经济研究发展中心、赛宝认证中心、中国质量认证中心（CQC）广州分中心、广州碳排放权交易所等高校、科研院所、专业机构组成了广东碳交易智库，组织多种形式的调研考察、政策研讨、头脑风暴等，场次高达数百场，让专家团队为政府出谋划策，为政府的科学决策提供智力支持和依据。同时，广东省还专门组建了包括低碳专家、行业协会、控排企业代表在内的配额评审委员会、配额技术评估小组等，对配额政策进行科学论证和审查评估。在核查工作中，广东从省内外的专业机构中严格遴选了35家优秀核查机构，培养形成了一支专业水平高、实战经验丰富的专业核查队伍，保障了全省碳排放核查工作的科学性和严谨性。在电子信息管理系统建设方面，广东省与广州碳排放权交易所、中山大学等机构合作，共同筹建广东省级交易平台，同时合作建成企业碳排放信息报告核查系统、配额注册登记系统、碳排放权交易系统三大信息系统，有效地满足了碳排放管理和交易的日常需要。

（五）坚持以全面开放合作谋大局

气候变化关乎全人类的共同命运。在党的十九大报告中，习近平总书

记指出，在过去五年中，中国引导应对气候变化国际合作，成为全球生态文明建设的重要参与者、贡献者、引领者。在应对气候变化方面，中国始终坚持将国内可持续发展和全球应对气候变化行动相结合，走在了国际社会的前列。而广东在低碳发展领域开展的国际、国内全方位的低碳交流与合作，不仅贯彻落实了国家政策方针，促进了本地区的低碳发展，同时还通过合作为国内其他地区输送了经验，树立了低碳发展标杆。

国际层面上，在国家应对气候变化领域对外合作的总体要求下，广东省积极加强与国际上低碳发展先进国家（地区）的交流合作，争取使更多的低碳发展项目获得各类国外资金和先进技术支持，并通过合作提升低碳发展能力。广东省与英国总领事馆依托项目合作、考察调研、会议交流、高层访谈及其他非正式合作方式，建立起了长期稳定的合作伙伴关系。同时，广东省政府与英国能源和气候变化部签署了关于加强低碳发展合作的联合声明。广东省政府与加拿大不列颠哥伦比亚省，广东省发改委代表省政府与美国加州环境保护署、美国能源基金会分别签署了关于加强低碳发展合作方面的谅解备忘录。对发达国家和地区先进经验的学习、借鉴和引入，加速了广东低碳发展的进程，提升了广东低碳发展水平。接下来，广东还将进一步深化与英国、美国、加拿大等主要发达国家及“一带一路”沿线国家地区的应对气候变化和低碳交流合作。

区域层面上，特别体现在加强粤港应对气候变化合作。粤港是紧密联系的命运共同体，在推动低碳发展领域，粤港两地也探索性开展了全方位的合作。首先是两地建立起了应对气候变化联席会议制度，并设立了粤港应对气候变化联络协调小组，负责具体工作安排。截至 2017 年 10 月，粤港应对气候变化联络协调小组共召开了 6 次会议，会议对两地的年度合作进行进行审议，并通过下一年度两地应对气候变化合作计划。2017 年 9 月召开第六次会议决定，两地将在发展短期气候预报技术、深入交流城市排水系统、加强海平面上升研究合作、开展可再生能源技术交流、深化粤港两地认证机构低碳产品交流合作、结合粤港澳大湾区建设开展适应与减缓气候变化领域合作研究等方面继续发力，展开深度的交流合作，共同推动两地迈向低碳发展。2017 年 3 月，在广东省发改委和香港环保署官员的见证下，粤港两地认证机构签署了关于开展碳标签合作的谅解备忘录，这意味着粤港两地在实施机构层面开始推进碳标签的互认。

区域层面上的另一个合作交流体现在广东省充分发挥试点省的辐射带动作用，积极参与全国碳市场建设工作。2016年5月，国家发改委批复同意设立全国碳市场能力建设（广东）中心，同年8月，该中心在广州举办了揭牌及签约仪式。广东在此基础上进一步发挥试点的辐射带动作用，开展全国碳市场泛珠江三角洲区域“9+2”全方位合作，并向国家申请在广东设立泛珠江三角洲区域交流合作中心。2016年5月，全国碳市场能力建设（广东）中心与贵州省发改委联合举办了碳交易能力建设培训会。这一联合非试点地区开展能力建设培训的行动，也是广东深化泛珠江三角洲区域碳市场合作的重要举措和经验。

第七章　广东的生态文明制度建设

习近平总书记指出：只有实行最严格的制度、最严密的法治，才能为生态文明建设提供可靠保障。[①] 完善生态文明建设制度体系，健全土地空间开发、资源节约、生态环境保护的体制机制，需深化生态文明制度改革，尽快把生态文明的“四梁八柱”建立起来，把生态文明纳入制度化、法制化轨道。[②] 在生态文明建设方面，广东省通过一系列的制度改革与创新，为生态环境的持续改善提供了坚实的制度保障。

一、广东推进生态文明制度建设的基本历程

先行一步、锐意进取、不断突破创新，是广东的灵魂，是广东创造发展奇迹的不竭动力。同样地，广东省在生态文明制度建设上，锐意进取，为生态环境的持续改善提供了坚实的保障，主要经历了以下 4 个阶段。

（一）1978—1991 年：制度探索

1978—1991 年是广东省生态文明制度建设的起步阶段，在此期间，在上级要求和专家建议下，广东省已经开始在诸多方面进行了探索。

1. 城镇国有土地使用制度改革

中华人民共和国成立后，在计划经制体制框架下，土地使用权不能在

① 参见中共中央宣传部《习近平总书记系列重要讲话读本》，学习出版社 2016 年版。

② 参见习近平《习近平谈治国理政（第二卷）》，外文出版社 2017 年版。

市场流通。随着改革开放的深入，原有土地使用制度已不能适应中国经济发展的客观要求。1987年6月，深圳市在特区土地管理体制研讨会上，提出借鉴国外和香港的经验，改革国有土地使用制度的大胆设想，得到了国家经济体制改革委员会、原国家土地管理局和广东省政府的大力支持，并列为改革试点，到了20世纪90年代，全省基本建立一个按“有偿、有期限和允许依法流转”原则运作的新的国有土地使用制度，初步形成一个由政府以出让方式为主供应土地的一级土地市场和国有土地使用权依法转让、出租、抵押的二级土地市场。

2. 建立征收耕地垦复基金制度

为遏制乱占、滥用耕地的势头，保护土地资源，增加耕地面积和保护粮食生产，1986年10月，广东省政府颁布施行《广东省非农业建设占用耕地缴纳垦复基金办法》，规定对占用耕地进行非农业建设的单位和个人征收垦复基金，征收标准按当地人均耕地数和耕地所处位置确定。广东由此成为国内第一个制定行政规章，建立征收耕地垦复基金制度的省份。

3. 实行排污费征收制度

（1）建立地方污染物排放标准。

广东省在1973年环境保护工作开创初期就严格执行了国家第一个污染物排放标准——《工业“三废”排放试行标准》，至1989年，“三废”排放标准一直作为广东省环境管理的依据之一，在广东省环境保护工作中发挥了重要作用。但由于“三废排放标准”存在“一刀切”现象，一些项目要求过宽及项目不全等原因，既满足不了广东省环境监督管理的要求，也不利于推动企业积极治理污染。根据《中华人民共和国环境保护标准管理办法》的规定，广东省部分城市制定了一些地方排放标准，并经广东省政府批准，由原省标准计量管理局颁布执行。如茂名市于1982年制定完成的《茂名市工业污染物排放标准》、原广东省技术监督局和原广东省环境保护局联合颁布的《水污染物排放标准》和《大气污染物排放标准》、广州市环保部门制定的《水污染物排放标准》、珠海市制定的《珠海市水污染物排放标准》《珠海市大气污染物排放标准》和《珠海市噪声控制标准》等。

（2）建立征收排污费制度。

为促进污染源的治理，广东省于1980年根据《中华人民共和国环境保护法（试行）》关于“超过国家规定的标准排放污染物，要按照排放污染物的数量和浓度，根据规定收取排污费”的规定，开始实施征收排污费的试点工作。江门、广州、茂名3市作为试点城市率先征收“超标排污费”，1981年2月，广东省政府发布《广东省排污超标准收费暂行规定》，在全省范围内施行。1982年，广东省政府转发《国务院关于征收排污费暂行办法的通知》，并根据国务院《征收排污费暂行办法》的原则，重新制定并颁布了《广东省征收排污费实施办法》，广东省征收排污费制度从此正式建立。

（二）1992—2001年：制度规范

1992年党的十四大召开之后，环境保护被提高到越来越重要的地位，党的十五大报告进一步强调，必须坚持环境保护的基本国策。广东省由此制定了《广东省生态环境建设规划》，将生态环境和环境治理的重点工程纳入基本建设规划。广东省委、省政府愈加重视环境和资源问题的解决，一系列有关生态环境管理体制、环境市场体制和环境法律规范制度等也逐步建立。

1. 规范土地交易市场

土地市场是土地资源进行市场化配置的场所，土地资源市场配置程度的高低直接影响到土地资源的使用效率。1996—1997年，广东省委、省政府多次从防腐保廉高度提出加强土地市场建设的要求。1998年6月，广东省政府颁布《广东省国有土地使用权公开招标拍卖管理办法》，规定1998年8月1日以后，在城市规划区内新增的经营性房地产项目用地全部按招标拍卖方式出让，完全由市场配置。

为进一步落实《中共中央国务院关于进一步加强土地管理切实保护耕地的通知》和《国务院办公厅关于加强土地转让管理严禁炒卖土地的通知》等文件精神，培育和规范土地要素市场，制止炒买炒卖“地皮”等非法交易行为，1999年8月，广东省政府办公厅发出《关于建立和完善有形土地市场的通知》，就加快有形土地市场建设，建立健全土地公开交易制度、土地交易机构的服务功能，规范市场运作，加强领导和监督等方面做出了具体规定。截至2000年年底，全省各市、县已全部建立了土地交易机构。

2. 实行易地开发补充耕地制度

易地开发是指耕地后备资源匮乏的市、县（区），因非农业建设占用耕地数量较大，在本行政区域内无法实现年度非农业建设项目耕地占补平衡，采取有偿办法，委托耕地后备资源较丰富的地区代为开发补充耕地，做到先补后占的行为。①

针对珠江三角洲地区占多补少，而粤北、粤东、粤西土地后备资源比较丰富，但缺少资金开发等问题，广东省国土资源厅决定进行省内易地开发补充耕地，即利用富裕地区的钱到比较贫困的地区去造地，实行全省耕地占补平衡。2004年下半年，广东省政府在梅州市召开全省易地开发补充耕地现场会，随后，原省国土资源厅先后颁布一系列的易地开发补充耕地的鼓励性政策、措施和标准，从广东实际出发探索出一条易地开发的新路子。

3. 建立环境保护责任考核制度

1989年国家环境保护局组织开展城市环境综合整治定量考核，1991年广东省政府建立广东省环境保护目标任期责任制，要求各地方政府根据上级环境保护规划（计划）、政府任期环境保护目标和任务，制定任期内的环境保护责任目标，各级政府的主要领导人对环境保护目标和任务的实施负主要责任，并接受上级政府和同级人大的检查和监督。

2001年广东在全国率先推行党政领导环保实绩考核。省委组织部和省环保局联合印发《关于实行市县党政领导环境保护实绩考核的意见》，环保考核的范围从城市延伸到县、镇（乡），考核对象从市、县政府扩大

---

① 广东省国土资源厅：《广东省易地开发补充耕地管理规定》，见广东省国土资源厅网（http://www.gdlr.gov.cn/gdsgtzyt/_132477/_1681421/_132521/_134606/_134614/1676260/index.html）。

到各市、县党政领导班子和党政正职、分管环保工作副职，通过层级考核方式，由环保部门负责具体考核工作，考核结果报省委组织部并存入干部本人档案，市辖区、镇的考核也参照实施。2002 年国家环保总局将广东的做法向全国推广。

4. 建立和完善流域水环境管理制度

（1）东江水系环境保护与治理规划。

广东省政府在 1981 年颁布了《东江水系保护暂行条例》，对东江水系水质进行保护与管理。广东省人大常委会于 1991 年颁布《广东省东江水系水质保护条例》，条例明确规定了东江流域各级政府及其各有关部门对保护东江水质的责任，规定了流域内一切企业、单位和个人有责任保护水系水质。1993 年 3 月，广东省政府颁布《广东省东江水系水质保护经费使用管理办法》，规定自 1993 年起，广东省政府每年从东深供水工程水费利润总额中提出 3% 用于东江中上游水质保护；每年从深圳、东莞市的东深供水工程水费利润分成中各提取 50% 用于东深供水工程水质保护。

在东江流域规划和科学管理水环境方面，广东省先后出台了《广东省东江水系水质保护规划》《淡水河污染治理计划》《广东省东江水系水质监测优化布点》《广东省东江水系地表水环境功能区划》《东江流域各市生活饮用水地表水源保护区划分》《广东省东江流域水污染综合防治规划研究》和《广东省东江流域环境保护和经济发展规划纲要（1996—2010）》等一系列文件，为科学管理和综合整治东江水环境提供科学依据。

（2）珠江水系水质保护计划。

1987 年 2 月，国家水利部和原国家环境保护局联合发出《关于开展珠江水资源保护规划工作的通知》，经过 2 年多的努力和论证，广东省于 1989 年完成并颁布了《广东省珠江水系水资源保护规划》，从宏观控制的角度，提出了广东省水资源的保护对策。规划任务是从整个地区甚至整个珠江水系，跨部门系统地加以考虑，制订出珠江三角洲水资源保护规划，为各有关部门或地区整治珠江三角洲的水污染，提供一个技术上合理、经济上可行的解决方法。同时，为控制珠江三角洲因经济迅速发展而日益严重的水环境污染问题，原省环保局从 1996 年开始编制《广东省珠江三角洲水质保护条例》，并于1999年1月起施行。

（3）跨市河流边界水质保护。

1993年6月，广东省政府为控制全省主要河流的污染趋势，保护饮用水水源，发布了《广东省跨市河流边界水质达标管理试行办法》。对广东省境内跨越地级市行政区的东江、西江、北江、韩江和鉴江的干流及其主要支流，在市与市边界设置“控制断面”，确定水质控制目标，落实上下游和左右岸相关市的责任，要求做到边界水质达标交接，并制定了《广东省主要跨市河流边界水质达标管理方案》进行考核。

（4）水环境功能区划。

1991年，广东省政府颁布了《关于加强饮用水源保护工作的通知》，全面开展了全省饮用水水源保护工作，要求珠江水系范围内的各级政府要根据《广东省珠江水系水资源保护规划》提出本区分期分批实施的计划；开展城市、城镇集中式饮用水水源保护区划定工作；保护区内已构成污染的工业污染源，分期分批实行限期治理或关、停、并、转、迁，禁止新建污染型企业等。到1995年止，全省各市、县都完成集中式的饮用水水源保护区的划定工作，并制定了相应的管理措施。为明确全省地表水环境不同功能区及其水质目标，省环保局从1997年开始组织开展全省地表水环境功能区划工作，1999年广东省政府批复同意《广东省地表水环境功能区划（试行方案）》并付诸实施，2011年2月，广东省政府正式批复同意《广东省地表水环境功能区划》（粤环〔2011〕14号），同时废止《广东省地表水环境功能区划（试行方案）》。

（三）2002—2012年：深化制度改革

进入21世纪之后，随着工业化、城市化进程的不断加快，经济发展对环境资源需求快速增加，环境资源问题也日益严重，必须找到一种文明的发展理念，统筹协调经济发展和生态环境的关系。以胡锦涛同志为总书记的党中央领导集体基于改革开放以来生态环境建设的成果，提出了资源节约和环境友好型社会，可持续发展观、科学发展观理念并形成了中国特色生态文明思想。由此，广东开始积极探索实现经济转型升级和生态环境

保护双赢的科学发展之路。

1. **完善土地市场**

（1）规范农村集体建设用地使用权流转。

为加强社会主义市场经济条件下对农村集体建设用地的管理，2003年6月，广东省政府印发《关于试行农村集体建设用地使用权流转的通知》，为规范农村集体建设用地使用权的管理提出了指导性意见和思路，并鼓励各地在实践中大胆探索。2005年6月，广东省政府颁布《广东省农村集体建设用地使用权流转管理办法》，明确规定农村集体建设用地使用权可以依法流转，在国内开创以广东省政府规章的形式确定农村集体建设用地使用权流转的先河。

（2）治理整顿土地市场。

根据国务院和原国土资源部的统一部署，广东在2003年对各类开发区进行全面清理和整顿。2004年6月，广东省政府办公厅发文提出具体贯彻意见，并按照原国土资源部等7部委下发的《深入开展土地市场治理整顿工作实施方案》进行全面部署。一是由原省国土资源厅牵头，会同省其他6部门转发该方案，除开展6项内容的清理检查工作外，还针对广东实际，增加了清理检查闲置土地的内容。二是落实责任，层层动员。全省各级政府和有关部门层层动员部署，制定工作方案，先后对新上项目土地占用及土地审批，建设占用耕地和补充耕地、新增建设用地土地有偿使用费的征收和使用，征用农民集体土地补偿安置，经营性土地使用权招标、拍卖、挂牌出让，闲置土地等情况进行了清理检查。

2. **完善环境考核办法**

2003年4月，广东省委、省政府印发了《广东省环境保护责任考核试行办法》，将城市环境综合整治定量考核、环保目标责任制、环保实绩考核和珠江综合整治考核合为一体。原省环保局及时拟定《广东省环境保护责任考核指标体系》和实施细则，报广东省政府批准后实施。2007年，组织制定《广东省“十一五”主要污染物总量减排考核办法》，将总量减排指标纳入政府政绩考核体系。2008年，组织修订《广东省环境保护责任考核办法》及其考核指标体系，强化对政府推进污染减排工作、加强城乡环境综合整治、改善城市环境质量和执行环保法律法规等情况的考核。同年 10 月，省委办公厅、广东省政府办公厅颁布实施《广东省环境保护责任考核办法》。同年 11 月，经广东省政府同意，原省环保局印发《广东省环境保护责任考核指标体系》。2011 年制定实施《重点流域水污染综合整治实施方案》，省环境保护厅联合省监察厅对淡水河等重点流域污染整治进行挂牌督办，将重点流域污染整治任务完成情况纳入环境保护目标责任考核，按年度进行评估考核。

在加强环境责任考核的同时，广东也积极探索，将生态文明的相关指标纳入党政干部的考核体系之中。2005 年 3 月，广东省委提出："要做好绿色 GDP 核算试点工作，探索建立绿色经济核算体系，健全和完善环保评价体系。要积极引入环境评估因素，改革政绩评估和干部考核机制。"广东是全国 10 个绿色 GDP 核算试点省份之一。参照中组部和原国家环保总局在部分省区试点的做法，将执行环保法律法规、环境质量变化、污染排放强度和公众对环境的满意度等环保指标纳入干部政绩考核内容，把经济增长指标同人文、资源、环境和社会发展指标有机结合，建立全面和科学的干部评价体系，把科学发展观贯彻落实到经济社会发展各个方面。

3. 建立和完善区域环保合作制度

2005 年，广东省与相关省、区和特区签署了《泛珠江三角洲区域环境保护合作协议》。该合作协议明确"泛珠江三角洲"区域环保合作宗旨、原则和重点领域，确定"泛珠江三角洲"区域环保合作联席会议制度、专题工作小组制度以及工作交流和情况通报等制度，建立"泛珠江三角洲"区域环保合作工作机制，签署一批合作协议，制定工作制度，形成多领域、多形式的区域环保合作新局面。为推动《珠江流域水污染防治规划》编制工作，原广东省环保局组织广西、贵州、云南等省（区）环保部门召开相关会议，制定工作方案；编制出《珠江流域水污染防治规划报告》《珠江流域水污染防治规划纲要》《泛珠三角区域环境保护合作专项规划（2005—2010 年）》《泛珠三角区域水环境监测网络建设规划》和《〈珠江流域水污染防治"十一五"规划〉水环境监测计划》。相继推动区域环保产业合作，建设并开通"泛珠江三角洲"区域环保产业合作信息

网；建立“泛珠江三角洲”区域环保产品联合推荐制度；在广州举行“泛珠江三角洲”区域环保产业合作展览会和以珠江流域水污染防治规划为主题的“泛珠江三角洲区域水环境保护论坛”。

4. 深化审批制度改革

2009 年，省环境保护厅取消原有 19 项行政许可审批事项中的 4 项，5 项非行政许可审批事项中的 2 项。广东省政府颁布《广东省建设项目环境影响评价文件分级审批管理规定》，将大量原由省审批的交通、仓储、物流、城市基础设施、水利工程、房地产等项目下放到各地审批。建立“绿色通道”，成立省环境保护厅重点项目环评审批领导小组，出台《关于加强对省重点工程项目环保跟踪服务的意见》，对省重点建设项目开辟“绿色通道”，简化环评审批（查）程序。完善“广东省环境保护厅建设项目环境保护综合管理系统”和“广东省建设项目环境保护审批综合管理信息系统——数据上报统计分析子系统”，建立和完善网上审批服务平台，实现建设项目网上在线申报、网上办公。制定实施《广东省环境保护局行政审批监督检查暂行规定》，加强行政审批后督察。对产业转移工业园环评进行严格审查，在认定阶段提出环保意见，做到提前介入、跟踪服务。

（四）2013—2018 年：全面建立生态文明制度体系

在党的十八届三中全会上，习近平提出，“我国生态环境保护中存在的一些突出问题，一定程度上与体制不健全有关”[①]，并指出“建设生态文明，必须建立系统完整的生态文明制度系统”“保护生态环境必须依靠制度、依靠法治”[②]。在党的十九大报告第三部分的中国特色社会主义思想和基本方略中的第九条方略中，习近平指出：“实行最严格的生态环境

---

① 习近平：《关于〈中共中央关于全面深化改革若干重大问题的决定〉的说明》，载《人民日报》2013 年 11 月 16 日第 1 版。

② 中共中央文献研究室：《习近平关于全面深化改革论述摘编》，中央文献出版社 2014 年版，第 104 页。

保护制度”[①]。党的十八大以来，广东也进一步认识到制度建设对生态文明建设的意义，把如何用制度保护生态环境作为生态文明建设的重要内容加以推进。

1. **健全资源有偿使用和生态补偿制度**

（1）推进资源性产品价格改革。

根据《广东省人民政府关于落实国务院2013年深化经济体制改革重点工作的意见》，广东省进一步推进资源性产品价格改革：一是推进电价改革，包括简化销售电价分类，扩大工商业用电同价实施范围。根据国家部署，完善上网电价形成机制，使各类电源上网电价较好地反映生产成本、资源稀缺性和生态价格。配合国家有关部门研究制定天然气发电上网电价政策、核电上网价格形成机制。完善省内小水电上网电价管理，及时公布新一轮省内小水电上网电价最低保护价。探索推行按准许成本加准许收益的输配电价形成机制以及传统能源和新能源收益平衡机制。积极争取推进大用户直购电和售电侧电力体制改革试点。二是完善阶梯价格制度。在保障群众基本生活需求的前提下，综合考虑资源节约利用和环境保护等因素，进一步建立健全居民生活用电、用水、用气等阶梯价格制度。

（2）继续深化土地管理制度改革。

土地制度作为国家调节国民经济社会有序发展的经济制度，通过规范国家、集体、个人在土地上的权属，实现国家集体土地的有效利用，促进我国经济社会的全面发展。自2013年以来，广东省继续完善农村集体经济组织经营性建设用地入市机制，深化土地二次开发利用研究机制，创新土地整备体制机制和配套政策。

建立全省生态红线保护机制，出台《关于划定并严守生态保护红线的实施意见》和《广东省生态保护红线划定工作方案》，结合解决饮用水水源保护区、自然保护区、生态严控区划定历史遗留问题，全面完成全省生态保护红线划定工作。严禁“洋垃圾”入境；加强生态系统保护和修复，

---

① 习近平：《决胜全面建成小康社会 夺取新时代中国特色社会主义伟大胜利——在中国共产党第十九次全国代表大会上的报告》，人民出版社2017年版，第24页。

全面划定生态保护红线。[①]

（3）稳步推进生态补偿试点。

2014 年 8 月，中山发出《关于进一步完善生态补偿机制工作的实施意见》，成为全省首个制定纵横结合、统筹型生态补偿政策的地级市，即补偿资金由同级地方政府间转移支付，由上级政府统筹后转移。同年珠海首设地方生态保护补偿专项资金。珠海、中山的经验也在全省其他地方推广。2016 年 12 月出台《广东省人民政府办公厅关于健全生态保护补偿机制的实施意见》，进一步推进广东省生态补偿工作的展开，使生态补偿工作在全省全面“开花”。

2. 进一步健全环境治理制度

（1）进一步推行环保审批制度改革。

一是分级审批管理进一步优化。2015 年 3 月，环保部发布《环境保护部审批环境影响评价文件的建设项目目录（2015 年本）》。为做好与环保部下放审批权限的衔接，进一步简政放权，广东省环保厅按照重点行业、重点区域、重点流域的重污染项目和可能产生重大环境影响、可能存在重大环境隐患的建设项目环评文件由省级环保部门审批的原则，及时修订发布《广东省环境保护厅审批环境影响评价文件的建设项目名录（2015 年本）》，自 2015 年 5 月 1 日起施行。

二是环评登记表备案制度试点取得进展。深圳、东莞等 7 个市（区）环保部门在环评审批管理上大胆创新，本着“便民、公开”的原则，采用即来即走或网络备案的形式，对环境影响登记表试行备案制。深圳等地还进一步先行先试，对在非环境敏感区建设，基本不造成环境污染并对周边群众影响非常轻微的部分项目如健身房、洗衣店、无油烟排放的餐饮项目等，豁免办理环评审批手续。这些探索，为广东省乃至全国进一步深化环评审批改革提供了经验。

三是环评信息公开要求得到落实。根据环保部《建设项目环境影响评价政府信息公开指南》，广东省环保厅及时出台《广东省环境保护厅关于

---

① 谢庆裕：《广东拟 2020 年打赢污染防治攻坚战》，载《南方日报》2018 年 3 月 7 日 A17 版。

建设项目环境影响评价文件审批信息公开的实施意见》，规范开展环评报告书（表）受理公告、审批前公示、审批后公告等工作，同时开展登记表审批信息公开工作。各地也按规定及时规范开展环评信息公开工作，有效保障公众的知情权、参与权、监督权，推动企业自觉履行环保责任。

（2）完善污染物排放许可制度。

2017 年 4 月，广东省政府正式发布《广东省控制污染物排放许可制实施计划》，提出在 2017 年 6 月 30 日前，各地要完成火电、造纸行业企业排污许可证核发工作，依证开展环境监管执法，并于 2017 年第三季度组织对火电、造纸企业无证排污行为开展监管执法专项行动。在 2017 年年底前，各地要按国家部署完成《大气污染防治行动计划》和《水污染防治行动计划》重点行业及产能过剩行业企业排污许可证的核发；2018—2019 年，各地要按国家部署推进其他行业企业排污许可证的核发工作；2020 年，基本完成固定污染源排污许可证的核发，按国家统一要求对接相关管理制度，健全排污许可管理工作机制。

（3）力推环保信息公开制度。

广东省政府于 2013 年 9 月发布《广东省人民政府办公厅关于进一步推进重点领域信息公开的意见》，强调从以下几个方面进一步推进环境保护信息公开，包括空气质量和水质环境信息公开、建设项目环境影响评价和竣工环保验收信息公开、环境污染费征收信息公开、国控企业污染物自动监控信息公开、企业环境信用评价及上市企业环保核查信息公开和挂牌督办和行政执法信息公开等。

（4）创新环保执法模式、创建环保法庭。

广东省环保厅 2014 年 12 月会同省高级人民法院、省人民检察院、省公安厅制定并印发《关于查处涉嫌环境污染犯罪案件的指导意见》，创新建立并规范了环保与公安联合执法机制、环保与公检法部门联席会议与信息共享机制、环境恢复性司法机制。

环保法庭是专门审判环保案件的法庭。2015 年 4 月，广东省首个环保法庭在珠海市中级人民法院正式宣布揭牌。经省编办批复，2016 年 1 月，广东省高级人民法院原立案二庭正式更名为环境资源审判庭，负责审理环

境合同、侵权纠纷以及高度危险责任纠纷等其他民事案件。今后将由广州、清远、茂名、潮州4个中级人民法院集中管辖珠江三角洲、粤北、粤西、粤东4个生态区域板块的环境民事公益诉讼和标的较大的跨区域民事私益诉讼一审案件，并由各自指定的4个基层法院集中管辖上述4个生态区域板块标的较小的跨区域环境类民事纠纷。[①]

3. 健全生态环境保护市场机制

习近平总书记指出，要全面推进体制机制创新，提高资源配置效率效能，推动资源向优质企业和产品集中，推动创新要素自由流动和聚集，使创新成为高质量发展的强大动能，以优质的制度供给、服务供给、要素供给和完备的市场体系，增强发展环境的吸引力和竞争力，提高绿色发展水平。广东省在建立和健全排污权交易制度、碳排放交易试点、环保产业发展体制机制、绿色建筑发展制度体系、环境污染责任保险制度和绿色信贷等生态环境保护保护方面做出了有益的探索和改革。

（1）建立排污权交易制度。

排污权有偿使用和交易是广东省环保深化改革和生态文明制度建设的重要内容。2013年，广东省排污权有偿使用和交易试点在广州启动。经省人民政府同意，广东省环境保护厅、广东省财政厅于2014年3月发布《广东省排污权有偿使用和交易试点管理办法》，随后在广州、佛山、东莞、珠海等地启动省内排污权交易试点。2015年1月，广东省环境保护厅开始试行排污权交易。珠海市积极探索在金融创新方面的改革，珠海市环保部门将联手财政部门和金融机构，建立排污权抵押贷款、融资的相关机制，推出绿色金融产品，今后企业可凭借排污权进行融资。

（2）开展碳排放交易试点。

2011年，广东成为国内首批启动碳排放权交易的试点省份。经过探索创新、稳步推进、不断完善，已基本建立起系统完备、公开透明、运行有效、全国领先的碳排放权管理和交易市场体系。作为全国7个碳排放权

---

① 广东省环境保护厅：《广东高级人民法院成立环境资源庭》，见广东省环保厅（公众网）（http://www.gdep.gov.cn/zwxx_1/201601/t20160126_209086.html）。

交易试点中规模最大的试点，在4年的探索发展中，广东所取得的成绩令人满意：从2013年底启动碳交易到2017年5月底，广东碳市场累计成交配额5 810.38万吨，总成交金额14.15亿元，分别占全国7个试点的35.4%和36.9%，成为全国碳市场现货交易额首个突破10亿元大关的试点。

（3）积极建立促进环保产业发展的体制机制。

广东省环保厅于2011年起组织开展了全省环保产业专题调研，在充分听取行业协会和环保骨干企业及基层环保部门意见的基础上，编制了《加快我省环保产业发展的意见》，2012年3月由广东省政府印发实施。随后，召开了全省环保产业大会，省发改、经信、科技、财政、住建、统计、物价、质监、地税等省直部门领导及环保企业代表共200多人参加，是广东省有史以来规格最高、影响最大的环保产业发展会议。2014年，广东省环保厅在广泛调研、多方听取相关方面意见的基础上，组织起草了《关于推进广东省环境污染第三方治理试点工作的指导意见》，并报请广东省政府印发实施。2015年3月，广东省政府在采纳广东省环保厅意见的基础上，印发了《广东省人民政府办公厅转发国务院办公厅关于推行环境污染第三方治理意见的通知》，提出积极推进试点示范、强化信息全程公开、健全技术标准体系、加大政策扶持力度、加强组织领导等5方面的措施，全面推进环境污染第三方治理工作。

（4）率先构建了有利于绿色建筑发展的制度体系。

发展绿色建筑是贯彻落实党中央关于加强生态文明建设，推进绿色发展的重要举措。党的十八大以来，广东省住房和城乡建设厅高度重视绿色建筑发展工作，全面落实《国务院办公厅关于转发发展改革委住房城乡建设部绿色建筑行动方案的通知》，绿色建筑发展工作取得了显著成效。2013年8月，《深圳市绿色建筑促进办法》开始施行，深圳在全国率先以政府立法的形式要求新建建筑全面推行绿色建筑标准。2013年11月，广东省政府颁布《广东省绿色建筑行动实施方案》，大力推进绿色建筑。2018年5月，为进一步促进绿色建筑发展、节约能源资源、改善人居环境，广东省住房城乡建设厅发布了《广东省绿色建筑量质齐升三年行动方

案（2018～2020）》（征求意见稿），为广东省未来3年的绿色建筑工作做出了部署，为绿色建筑的量质双提升提出了具体的任务和目标。①

（5）深入推进环境污染责任保险制度。

绿色保险是一项重要的环境经济政策。环境污染责任保险是以企业发生污染事故对第三者造成的损害依法应承担的赔偿责任为标的的保险。开展环境污染责任保险试点工作，是环境管理与市场手段相结合的有益尝试，也是提升突发环境事件防范和处置能力的迫切要求。②

2012年6月，广东省环保厅印发《关于开展环境污染责任保险试点工作的指导意见》，为进一步加强广东环境保护工作、促进"加快转型升级、建设幸福广东"、积极推动环境污染责任保险试点工作的实施、加快建立环境污染责任保险制度，在五大行业率先开展试点。包括生产、储存、运输、使用危险化学品的企业，储存、运输、处理处置危险废物的企业，铅蓄电池和再生铅企业，广州、深圳、汕头、韶关、佛山、中山、东莞、清远、惠州、江门、肇庆、云浮12个国家和省重金属污染防控重点区域内涉重金属企业，钢铁、有色金属冶炼、矿山采选、石油化工、电镀、印染、鞣革、化学制浆造纸及味精、酒精生产企业中被列为国家和省重点监控的企业。

2014年，深圳启动环境污染责任保险模式创新工作，引入保险经纪公司，招标确定7家保险公司组建"共保体"，优化投保模式、创新保险产品、加强对高风险企业环境监管。2015年，持续深化环境污染责任保险制度，《广东省环境保护条例》第六十一条明确规定"建立和实施环境污染责任保险制度。鼓励和支持保险企业开发环境污染责任保险，企业事业单位和其他生产经营者投保环境污染责任保险。在重点区域、重点行业依法实行强制性环境污染责任保险"。2015年全省新保和续保企业313

---

① 广东省住房和城乡建设厅：《广东省住房和城乡建设厅关于征求〈广东省绿色建筑量质齐升三年行动方案（2018～2020）〉（征求意见稿）》，见广东省住房和城乡建设厅网站（http://www.gdcic.gov.cn/ZWGK/WJTZ/20180601_article_150785）。

② 广东省环保厅：《我省全面试行环境污染责任保险》，见广东省环保厅网（http://www.gdep.gov.cn/zwxx_1/hbxx/201207/t20120713_125755.html）。

家，保额4.8亿元，保费905万元，位居全省之首。

（6）持续推行绿色信贷。

根据绿色信贷统计制度，绿色信贷主要包括两部分：一是支持节能环保、新能源、新能源汽车三大战略性新兴产业生产制造端的贷款；二是支持节能环保项目和服务（包含：绿色农业开发项目，绿色林业开发项目，工业节能节水环保项目，自然保护、生态修复及灾害防控项目，资源循环利用项目，垃圾处理及污染防治项目，可再生能源及清洁能源项目，农村及城市水项目，建筑节能及绿色建筑项目，绿色交通运输项目，节能环保服务项目，采用国际惯例或国际标准的境外项目，共12大项目类型）的贷款。① 广东省在绿色信贷制度创新和机制改革实施方面的工作归纳如下。

一是建立绿色信贷统计制度。建立“广东银监局绿色信贷统计制度”和重点关注行业贷款监测报表，规范了报表统计指标、统计频度、监测范围，推动银行机构开展自我评价，建立健全环境风险分析和预警机制。

二是指导辖内银行机构多举措发展绿色金融。如建设银行广东省分行将绿色信贷业务发展情况纳入KPI考核体系，完善考核机制；粤财信托在国内首创设立“广东节能减排促进项目资金信托计划”。

三是引导辖内银行机构加强贷款风险管理，助推淘汰一批产能。对存量资金，重在提高使用效率，推进广东产业结构优化调整；对增量资金，优先支持符合国家产业政策和结构调整升级的行业或项目。

四是完善制度指引，严格执行绿色准入标准。银行机构均已制定绿色信贷、节能减排等管理制度，并根据国家及监管要求不断完善。如工行就绿色信贷实施纲要、分类标准制定了多个管理办法。

4. 建立健全党政领导干部的生态文明责任制度

（1）不断强化生态文明建设推进机制。

以深圳市为例。2013年，深圳按照党的十八大关于建立生态文明考核目标体系要求，将实施了6年的环保实绩考核“升级”为生态文明建设

---

① 中国人民银行等7部门：《关于构建绿色金融体系的指导意见》，载《中国报道》2016年第10期，第12页。

考核，制定出台生态文明建设考核制度，对全市10个区（新区）、17个市直部门和12个重点企业生态文明建设考核工作实施年度考核，是全市保留“一票否决”考核事项的6项考核之一，考核结果作为领导干部年度考核、选拔任用及“五好”班子评选的重要依据。2015年年底，生态文明建设考核获环境保护“绿坐标”制度创新奖，被新华社誉为生态文明“第一考”。2017年，广东省发展和改革委员会两次发文征求关于《广东省生态文明建设目标评价考核实施办法》的意见，提出每年对各市开展1次生态文明建设目标评估，每5年对各市开展1次生态文明建设考核。自此，生态文明考核制度在广东得到大力建设，有力地促进了广东省生态文明建设。

（2）积极开展自然资产负债表核算和责任审计。

党的十八大首次把“美丽中国”作为生态文明建设的宏伟目标，党的十八届三中全会通过的《中共中央关于全面深化改革若干重大问题的决定》提出要加快生态文明制度建设，探索编制自然资源资产负债表，对领导干部实行自然资源资产离任审计。深圳市在2014年就完成了深圳市自然资源资产核算体系与自然资源资产负债表研究报告，构建了深圳市自然资源的核算体系、核算方法，形成了一套完整的自然资源资产负债表体系，并在全省推广。2015年10月，中共中央办公厅、国务院办公厅印发《开展领导干部自然资源资产离任审计试点工作方案》，部署开展领导干部自然资源资产离任审计试点工作。2017年9月，中共中央办公厅、国务院办公厅印发《领导干部自然资源资产离任审计规定（试行）》，标志着领导干部自然资源资产离任审计由试点进入到全面推开阶段。广东省委、省政府先后出台和修订了《广东省环境保护责任考核办法》《广东省生态文明建设目标评价考核办法》等，2016年以省委办公厅、省府办公厅名义正式印发《广东省党政领导干部生态环境损害责任追究实施细则》（粤办发〔2016〕12号），构建起“党政同责、一岗双责、终身追责”的环保追责体系。[①] 2016、2017 年共选择 2 市 6 县开展试点审计，各地级市审计局也积极探索开展镇街领导干部自然资源资产离任审计试点工作。截至 2017 年年底，全省组织人事部门共对 1 662 名领导干部开展生态环境损害责任追究，为 2018 年干部离任审计工作的全面展开提供了经验和奠定了坚实基础。

（3）推进生态环境损害赔偿制度。

2015 年，深圳市组建“深圳市环境损害鉴定评估中心”，以最严厉的法制保护城市生态环境。制定深圳市环境损害鉴定评估专家库管理办法，组建深圳市环境损害鉴定评估专家库，结合环境管理、环境司法等工作需要，开展案例研究。

2017 年 5 月，广东省为落实广东省政府工作会议精神，严厉打击违法处理垃圾行为，切实维护生态环境安全，广东省环保厅组织相关专家参考国家相关标准和方法，编制了《广东省生态环境损害鉴定评估技术指南》（征求意见稿），征求有关单位意见后，形成《生态环境损害鉴定评估方法》，为生态环境损害赔偿制度的推进奠定了坚实的基础。

（4）全面推进河长制。

河长制是以保护水资源、防治水污染、改善水环境、修复水生态为主要任务，全面建立省、市、县、乡四级河长体系，构建责任明确、协调有序、监管严格、保护有力的河湖管理保护机制，为维护河湖健康生命、实现河湖功能永续利用提供制度保障。[②] 2016 年 10 月，习近平总书记主持召开中央全面深化改革领导小组第 28 次会议，审议通过了《关于全面推行河长制的意见》。2016 年 12 月，中共中央办公厅、国务院办公厅印发通知，要求各地区各部门结合实际认真贯彻落实。

2017 年 8 月，广东省全面推行河长制工作领导小组办公室，发布

---

① 广东省审计厅：《广东省审计厅关于政协广东省委员会十二届一次会议第 20180097 号〈关于建立完善自然资源资产离任审计制度，为绿水青山撑起“保护伞”的提案〉的答复》，见广东省审计厅网（http://www.gdaudit.gov.cn/tzgg/content/post_105648.htm）。

② 中共中央办公厅、国务院办公厅：《关于全面推行河长制的意见》，见中华人民共和国中央人民政府网（http://www.gov.cn/zhengce/2016-12/11/content_5146628.htm）。

《关于明确广东省全面推行河长制工作领导小组办公室组成人员的通知》，成立了由省委副书记、省长、省级总河长任组长的省全面推行河长制工作领导小组，并明确领导小组办公室设在省水利厅。经省委、省政府同意，省委办公厅、省府办公厅联合印发《广东省全面推行河长制工作方案》，该方案明确由省政府主要负责同志任省总河长，提出要因地制宜在全省全力打造具有岭南特色的河长制升级版。提出构建区域与流域相结合的省、市、县、镇、村五级河长体系，建立责任明确的河湖管理保护机制，致力解决好广东水资源短缺、水灾害频发、水环境污染、水生态损害等群众反映突出的水问题。

二、广东推进生态文明制度发展的主要成就

改革开放40年，广东省稳步推进生态文明体制机制的改革创新，尤其是在党的十八大以来，广东省委、省政府对生态文明建设先后做出一系列重大部署，形成了当前和今后一个时期关于生态文明建设的顶层设计、制度架构和政策体系，生态文明制度体系建设取得了重大进展。

（一）初步建立了系统的生态文明法律法规体系

生态文明建设立法先行，生态文明建设法制化效果显著。40年来，围绕环境保护工作，广东省以法治建设为保障，以环境监管为突破，以制度创新为动力，不断完善环境保护体制机制。广东结合环境保护工作实际，先后制定和颁布了一大批地方环境保护相关法律和法规，使地区环境保护法律法规和制度不断得到完善。“九五”期间，广东省人大常委会颁布了《广东省实施〈中华人民共和国环境噪声污染防治法〉办法》《广东省珠江三角洲水质保护条例》《广东省机动车排气污染防治条例》，批准了广州等市9项地方性环保法规；深圳、珠海、汕头特区颁布了9项地方性环保法规，逐步形成了具有广东特色的地方性环保法规体系框架，为广东省环境保护提供了法律依据。针对广东省的实际情况和在执法中存在的问题，将环境管理中一些切实有效的制度和措施上升为地方法规。党的十八大以后，广东加快了生态文明法律法规的建设步伐。2015年修订了

《广东省环境保护条例》，成为新环保法实施后全国首个配套的省级环保法规。鼓励地市推进地方环境立法，出台全国首个大气污染防治地方政府规章——《广东省珠江三角洲大气污染防治办法》；相继颁布了《广东省西江水系水质保护条例》《广东省建设项目环境保护管理条例》《广东省农业环境保护条例》《广东省森林保护管理条例》《广东省饮用水源水质保护条例》《广东省固体废物污染防治条例》和《广东省城市垃圾管理条例》等，使广东生态文明建设工作基本做到了有法可依、有章可循。

（二）建立健全跨部门跨区域的生态环境协同治理机制

2015 年 7 月，广东省修订了《广东省环境保护条例》，成为新环保法实施后全国首个配套的省级环保法规。建立了环保、监察、公检法等部门联合的联动执法机制，佛山、韶关、顺德等 8 市（区）设立“环保警察”，顺德区设立“环保巡回法庭”，“两法衔接”得到强化。积极推行环境监察网格化管理，实施“横向到边、纵向到底”的基层监管模式，提升环境监察执法效率。健全重点污染源管理联席会议制度，连续 5 年对国家重点监控企业开展环保信用评级，每季度公布环境违法企业“黑名单”，推动企业自觉落实污染防治措施。大力推进环境污染第三方治理和环境监测社会化改革试点工作，惠州市在公共环保设施、定点产业园区、重点综合整治和生态修复项目等领域实行第三方治理，有效地提升了环境污染治理水平；东莞市积极开展环境监测社会化改革，将环境监测转为政府购买服务，大力推动监测产业发展。为加强环保综合协调能力建设，佛山、肇庆、清远等多个市设立环境保护委员会，落实部门“一岗双责”制，构建“大环保”工作格局，环境保护参与综合决策能力显著提升。积极推进珠三角环保一体化工作，完善珠江三角洲环保一体化机制，加快解决区域大气复合污染、跨市河流污染等突出问题。深化“广佛肇＋清远、云浮、韶关”“深莞惠＋汕尾、河源”“珠中江＋阳江”等经济圈内部环保合作，建立“汕潮揭”城市群大气污染联防联控机制，加强城市间环境应急预警联动，联合开展城市群饮用水水源保护，有序推进产业转移。全面实施“河长制”，完善跨行政区河流交接断面管理制度。逐步建立陆海统筹的污

染防治机制。在区域协调机制方面，通过《珠江三角洲大气污染防治联席会议制度》和《珠江三角洲区域大气污染防治联席会议议事规则》，实现了区域内环评会商、联合执法、信息共享、预警应急等大气污染区域联防联控管理协调工作的创新。深入探索粤港澳环保一体化机制建设。2002年粤港两地签署《改善珠江三角洲地区空气质素的联合声明（2002—2010)》，提出到2010年珠江三角洲空气质量改善目标。2012年，粤港、粤澳地区已有应对跨界水污染等区域性社会突发事件的合作平台，并且分别签署了《粤港应急管理合作协议》与《粤澳应急管理合作协议》，以加强"三地"之间的应急交流与互助。积极探索跨省区河流治理机制，加强粤赣、粤闽、粤湘、粤桂跨界河流水污染联合治理，创建九洲江流域跨省区国家生态文明示范区。加强"珠江—西江"经济带生态环境保护，共建珠江—西江生态廊道。

（三）加快了生态文明市场化机制建设

生态文明的核心是节能与减排。实践证明，通过自上而下、层层分解下达目标任务这种"一刀切"的指标分配方法使兼顾不同区域经济发展水平、不同地区产业结构特点、不同产业能耗和排放情况受到极大制约，亟待市场化运作机制改革。2013年，广东省碳排放交易体系建立，成为国内首个启动碳排放权交易的试点省份；2015年1月出台了《广东省排污权交易规则（试行)》，佛山、珠海等地均开展了排污权交易试点工作；制定鼓励中水回用政策，提倡利用海水；全面落实城镇生活垃圾处理收费制度和危险废物处置收费制度；改革排污收费制度，实施差别化收费政策，倒逼企业转型；推进排污权有偿使用和交易工作，培育和规范排污交易市场；健全二氧化硫总量配额管理制度，积极探索二氧化硫排污权交易机制；推进水权交易试点，探索建立水权确权机制；2017年，省环保厅出台相关政策，鼓励公共机构采用合同能源管理模式实施节能改造，通过市场化运作，确立了水权交易、电力、能源阶梯定价和能源合同交易管理机制。①

（四）率先探索生态文明绩效考核和责任追究制度

广东是较早探索环保绩效考核的地区之一。早在 2002 年，广东以珠海为试点，在全国率先实施环保实绩考核制度。广东大力落实政府环境保护责任，推行环境保护监督管理“一岗双责”“党政同责”，强化各级党委、政府的环保责任。按照省以下环保监测监察执法机构垂直管理制度改革试点工作要求，推动各市（县、区）成立环境保护委员会，制定并公布各有关部门环境保护责任清单，协同推进生态环保，鼓励有条件的乡镇设立环保机构。

党的十八大之后，广东进一步加强生态文明考核的体制机制建设，不仅将环保考核升级为生态文明建设考核，而且制定了更为严格的考核制度。2013 年，广东在全省首次推行环保考核，受督办的地方政府若整治污染不力，监察部门将约谈市长并通报批评，考核时“一票否决”。同年 2 月出台《广东省重点环境问题挂牌督办管理暂行办法》，对因整治工作不力，被挂牌督办的重点区域环境问题未在规定时限内解决的，将对责任单位采取约谈、警示、通报、批评等处理措施；对责任单位相关责任人员采取通报批评、组织处理，严重的可给予党纪政纪处分，触犯刑律的，移送司法机关追究刑事责任。② 2016 年 11 月，广东省委常委会议审议并原则通过《广东省生态文明体制改革实施方案》，进一步强调完善责任追究制度，建立领导干部任期生态文明建设责任制，健全政绩考核制度。同年颁布实施《广东省党政领导干部生态环境损害责任追究实施细则》，对违背科学发展要求、造成生态环境和资源严重破坏的，严格依法实行终身追责。研究编制自然资源资产负债表，逐步探索实施领导干部自然资源资产

---

① 广东省人民政府办公厅：《关于印发公共机构合同能源管理暂行办法的通知》（穗府办规〔2018〕4 号），见广州市人民政府网（http://www.gz.gov.cn/gzgov/s2812/201803/91c1ee0d68a84ec181017a2a4df627f3.shtml）

② 林洁：《广东推行环保考核政府治污不力将“一票否决”》，载《中国青年报》2013 年 5 月 12 日第 1 版。

离任审计，鼓励有条件的市县开展试点。通过建立责任追究制度，特别是对领导干部的环境损害责任追责，使领导干部的奖励或提拔与其绩效考核挂钩，建立全面的生态环境保护监督体系。

（五）生态补偿机制改革取得一定进展

经过多年改革探索，广东已建立起激励与补偿并重的财政机制，有效提升了生态保护区加强生态建设和环境保护的积极性与能动性，使生态保护区达到了与其他地区基本相当的基本公共服务能力。完善了生态补偿机制，强化资源有价和生态补偿意识；探索建立环保和生态建设财政转移支付、流域水权交易、流域异地开发、区域产业联合开发等区域生态补偿机制。广东省从2012年起组织实施《广东省生态保护补偿办法》，明确了有关考核办法和资金分配办法，推动形成重点生态功能区转移支付体系。鼓励受益地区与保护生态地区、流域下游和上游通过资金补偿、对口协作、产业转移、人才培训和共建园区等方式建立横向补偿关系，探索推进省内横向生态保护补偿。2016年12月，广东省人民政府办公厅颁发《关于健全生态保护补偿机制的实施意见》，明确提出到2020年，实现森林、湿地、荒漠、海洋、水流、耕地等重点领域和禁止开发区域、重点生态功能区等重要区域生态保护补偿全覆盖，补偿水平与全省经济社会发展状况相适应，地区间补偿试点示范取得明显进展，多元化生态保护补偿机制初步建立，基本形成补偿体制机制不断创新、配套制度体系逐步健全、试点示范效应明显提高、生态保护补偿体系基本确立的生态保护补偿机制。2018年2月，中山发出《关于进一步完善生态补偿机制工作的实施意见》，成为全省首个制定纵横结合、统筹型生态补偿政策的地级市，即补偿资金由同级地方政府间转移支付，由上级政府统筹后转移。珠海首设地方生态保护补偿专项资金。此经验也在全省其他地方推广。[①]

此外，各类专项生态补偿机制逐步健全。一是森林生态补偿机制运

① 中山市人民政府：《关于进一步完善生态补偿工作机制的实施意见》，见中山市政府网（http://www.zscgzf.gov.cn/display.php?id=6718）。

行良好，生态公益林得到有效保护，生态效益显著。1999—2013 年，全省森林生态公益林吸收二氧化碳量累计达 2.876 亿吨。二是湿地生态效益补偿机制逐步完善，湿地保护管理体系基本形成。全省已建立湿地类型自然保护区 94 处，国际重要湿地 3 处，建成和筹建湿地公园 5 处，初步形成了以自然保护区为主体的多种保护管理形式并存的湿地保护管理体系。①

三、广东推进生态文明制度建设的主要经验

保护生态环境必须依靠制度、依靠法治，才能为生态文明建设提供可靠保障。从广东省生态文明建设的实践来看，其生态文明制度创新的基本经验主要有以下 5 个方面。

（一）生态文明建设需要依靠强有力的制度保障

生态文明建设的目标是处理好人与自然的关系，实现人与自然的和谐发展。但人与自然的关系能否处理好，关键在于人的行为，在于人与人之间的关系能否协调好。人与人之间的关系本质上是一个社会问题，解决社会问题必须要依靠制度。生态文明建设既需要通过自然科学的研究解决好生态建设中的各种科学技术问题，更重要的是通过社会科学的研究解决好生态文明建设中的制度、体制问题，以及个体与个体之间、个体与社会之间的各种关系。因此，生态文明建设的途径之一是加强生态文明的制度建设。把生态文明建设落实于制度建设，标志着生态文明建设进入实质性推进的阶段。建立系统完整的生态文明制度体系，才能够使全社会形成有利于保护生态、保障自然生态系统的行为体系。

（二）理念先行是确保制度建设有效的关键

建设生态文明，是一场涉及生产方式、生活方式、思维方式和价值

① 刘华伟、吴广泽：《完善生态文明建设财政体制机制研究——以广东为例》，载《地方财政研究》2015 年第 8 期，第 82 - 86 页。

观念的革命性变革。实现这样的变革，必须依靠制度、依靠法治。党的十八大将生态文明建设纳入“五位一体”总体布局，党的十八届五中全会提出创新、协调、绿色、开放、共享五大发展理念，将生态文明建设放在治国理政的重要战略位置，并且就生态文明制度建设提出了一系列论断，为全国推进生态文明制度建设提供了思想引领。党的十八大以来，生态文明理念已经成为广东省探索转型以来各届领导班子的一贯思路，这大大推动了广东生态文明建设的步伐。广东已经充分意识到，只有建立起科学完备、系统有效、严格严密的生态环境管理制度，切实把生态文明建设纳入法治化、制度化轨道，方能形成健全的环境治理体系、拥有强大的环境治理能力，才能为生态文明建设提供最可靠的保障。与此同时，通过制度建设，也才能够使生态文明理念最终落地。生态文明建设不仅要牢固树立保护生态环境的理念，更重要的是把理念落实到行动上，理念与行动之间的环节就是制度。制度把尊重自然、顺应自然、保护自然的理念转化具体，使生态文明建设的设想变为具有可操作性的具体规范，并使之能够付诸生态文明建设的实践。没有制度建设，生态文明建设就无法得到切实落实。

（三）权责明晰是生态文明制度的内涵

生态文明制度建设的最困难之处在于，资源环境领域存在着广泛的“外部性”问题，即那些损害自然环境行为的成本并不由当事人承担；与此同时，保护生态获得的收益也无法“内部化”，而是由社会共享。生态文明制度的建立和完善，本质上是生态环境破坏的“负外部性”和保护生态的“正外部性”不断内部化的过程。在改革开放过程中，广东推动的生态文明制度创新，从4方面实现了这一点：一是不断增强责任追究制度，力求做到企业破坏开发地生态的，追究相关负责人的责任，个人违反生态红线的，追究其个人责任。二是不断加强环境损害赔偿制度。近年来，广东通过不断强化企业的污染责任，不断健全环保投诉、诉讼和纠纷处理机制，积极探索把基于市场机制的第三方调解事业逐渐延伸到环境保护等健康相关领域，创新环保法庭等多种机制，形成了多元化环保损害责任界定和纠纷解决机制。三是不断加强资源有偿使用制度。在利用资源时充分体现生态价值，坚持谁使用谁付费、谁污染谁付费、谁破坏谁付费，逐步将资源税扩展到各种自然生态空间；通过差别化的水价、电价和资源使用价格机制，对企业高水耗、高能耗行为进行调整。四是把资源消耗、环境损害、生态效益等体现生态文明建设状况的指标纳入经济社会发展评价体系，建立体现生态文明要求的目标体系、考核办法、奖惩机制，使生态文明建设成为广大领导干部群众的重要导向和约束。

（四）严格执行是制度有效的最终保障

习近平反复强调："只有实行最严格的制度、最严密的法治，才能为生态文明建设提供可靠保障"①，他还指出，在生态环境保护问题上，就是要不能越雷池一步，否则就应该受到惩罚。② 在这方面，没有商量的余地，绝不能搞变通、求通融；不能手软，也不能下不为例。强调把生态文明建设纳入法治的轨道，对破坏生态环境的行为予以法律制裁，强化环境保护的法律责任，大幅度提高违法成本。保护生态环境必须依靠制度。早在20世纪80年代，广东就积极探索，将生态环保问题纳入法制轨道，坚持依法行政，不断完善环境法律法规，严格环境执法；坚持环境保护与发展的综合决策，科学规划、突出预防为主的方针，从源头防治污染和生态破坏，综合运用法律、经济、技术和必要的行政手段解决环境问题。严格执法要求，加强生态文明宣传教育，增强全民节约意识、环保意识、生态意识，形成合理消费的社会风尚，营造爱护生态环境的良好风气。

---

① 中共中央文献研究室：《习近平关于全面深化改革论述摘编》，中央文献出版社2014年版，第104页。

② 习近平：《习近平谈治国理政》，外文出版社2014年版，第210页。

第八章　广东的生态文化建设

习近平总书记指出，“生态文明建设同每个人息息相关，每个人都应该做践行者、推动者。要强化公民环境意识……，推动形成节约适度、绿色低碳、文明健康的生活方式和消费模式。要加强生态文明宣传教育，把珍惜生态、保护资源、爱护环境等内容纳入国民教育和培训体系，纳入群众性精神文明创建活动，在全社会牢固树立生态文明理念，形成全社会共同参与的良好风尚。”①生态文明时代的开启，生态文化的崛起，象征着人类文明意识的觉醒和经济发展方式的历史性转型，是人类可持续发展的必由之路。生态文化是人与自然和谐共存、协同发展的文化，是融合古今中外文明成果与时代精神、促进人与自然和谐共存的重要文化载体，是推进生态文明建设不可或缺的重要力量，在生态文明的建设中起到了灵魂作用。

一、岭南传统文化中的生态智慧

习近平总书记出席2018年全国生态环境保护大会时发表重要讲话强调：“中华民族向来尊重自然、热爱自然，绵延5 000多年的中华文明孕育着丰富的生态文化。”② 岭南文化作为悠久灿烂的中华文化的重要有机

---

① 新华社：《习近平在中共中央政治局第四十一次集体学习时强调 推动形成绿色发展方式和生活方式 为人民群众创造良好生产生活环境》，载《人民日报》2017年5月28日第1版。

② 习近平：《生态兴则文明兴》，载《人民日报（海外版）》2018年5月21日第1版。

组成部分，在长期发展中形成了独具地区特色的文化特征，并蕴含着丰富的生态元素和智慧。

（一）岭南文化的主要特征

岭南是一个地域概念，主要是指中国南部重要山脉南岭以南的地区。南岭包括大庾岭、骑田岭、越城岭、萌渚岭、都庞岭（或称揭阳岭）。岭南文化是中华文化体系中成就卓著且风格独特的地域文化之一，属于中华文化的亚文化范畴，按照学术界目前研究的状况来看，岭南文化主要是指以广东文化为中心的地域文化。

岭南地处边陲，古代被视为“化外”之地、“瘴疠”之乡，但独特的地理条件使其自汉唐以来便成为沟通中外关系的重要门户，即使在清朝厉行闭关政策的时期也没有中断。到了近代，在中国文化总体呈现保守封闭特征的情况下，岭南文化开启了认知世界、学习西方的历史进程，成就了岭南“开风气之先”[①] 的历史地位，成为推动中国近代文化发展的主角。岭南文化的基本精神即一切近代岭南文化现象中最精微的内在动力，是指导和推动近代岭南文化不断前进的思想和观念，其实质就是在近代岭南文化的发展过程中表现出来的岭南人的价值系统、思维方式、民众心理以及审美理想等方面内在特质的基本风貌。[②]

1. 经世致用

地处南海之滨的岭南地区自古以来商贸发达，处于岭南中心的广州更是中国最古老的海港城市，是古代“海上丝绸之路”重镇。[③] 岭南因大山阻隔而免受北方战乱和政治风波的干扰，逐渐形成了重利实惠的社会风尚。在这种商业氛围下，岭南文化人士比较清醒地认识到经济是国家的命

---

① 唐孝祥、任珺：《岭南文化：积淀厚重，开风气之先》，载《广州日报》2003年9月30日T00版。

② 唐孝祥：《试论近代岭南文化的基本精神》，载《华南理工大学学报（社会科学版）》2003年3月第1期，第19－22页。

③ 徐俊鸣、郭培忠：《略论古代广州在海上“丝绸之路”的地位》，载《热带地理》1983年第3期，第49－56页。

脉，丘濬的《大学衍义补》、屈大均的《广东新语》都体现了岭南学者对国计民生的关注，明清之际一大批“儒商”在岭南地区的崛起是这种精神的真实写照。近代时期西方资本主义生产方式与经济贸易进入岭南，进一步增强了岭南人务实求利、经世致用的观念意识。

2. **直观生动**

岭南的民众文化中关于自然和社会的知识，更多采用直观性的、经验性的认识方法进行记录，常用各种谣谚来进行生动形象的描述，而较少诉诸抽象的概念和理性的思辨。诸如“海水热，谷不结；海水凉，禾登场”① 等，足以反映其直观经验型文化特点。从学理上分析，岭南文化直观经验的思维方式与其经世致用的价值取向和岭南禅宗思想的深厚基础及影响是分不开的，经世致用的文化价值观引导岭南人强调直观经验和感性的满足，“顿悟成佛”的南禅思想影响岭南人追求在直观、经验的日常劳作中实现各自的理想②，直观经验的思维方式在近代岭南的民间工艺、大众饮食、侨乡建筑、甚至生态建设等方面均有体现。

3. **开放创新**

岭南在中国近代经济思想史上出现了多名有影响的经济思想大家，从洪秀全、洪仁玕，到郑观应、何启，再到康有为、梁启超、孙中山等。洪秀全领导的太平天国农民斗争，康梁为首的资产阶级改良运动，孙中山领导的革命斗争，梁启超创造的新文体，黄遵宪进行的诗界革命，陈澧开创的新地理、音韵研究方法，无一不体现了近代岭南文化开放创新的文化特质。而且，近代岭南文化的开放创新精神相对于近代时期整个中国文化思想的封闭格局更显耀眼和可贵，使岭南成为近代中国新思想、新观念、新方法、新精神的发源地。

岭南文化的开放创新精神是与开放融通、择善而从的社会心理紧密相连的，它用兼容并蓄、择善而从取代对外来文化的排斥。孙中山曾指出：

---

① 参见胡朴安《中华全国风物志（上册）》，中州古籍出版社1990年版。

② 刘宇雄：《发扬岭南文化必须重视禅宗文化》，载《广东科技报》2008年12月9日第13版。

“要想实业发达非用门户开放主义不可。”[①] 这种开放性使岭南文化具有强大的生命力，从而在中华文化体系中占据特殊地位。广东沿海地区成为西方资本主义入侵的前沿，亦成为西方文化东侵的最早据点；岭南文化在一种既相异于中国古代封闭自足的传统文化背景又有别于当代中国主动开放、平等交流的文化背景的特定条件下与处于强势状态的西方文化相激相荡，在新的时代潮流冲击下步入新的融合。[②] 这样的社会心理使近代岭南文化在身处激烈的古今中西之争中能够高瞻远瞩，进行合理的文化调适，从而广纳博收，取长补短，焕发出岭南文化的新光彩、新精神。

4. **崇尚自然**

早在明朝时期，新会的陈白沙[③]就曾标举和推崇“以自然为宗”的审美观，即要求契合自然之真、生活之真、性情之真，这也成为近代岭南艺术的共同追求。不管是岭南园林，还是岭南的音乐、绘画、文学、书法，无不如此。岭南音乐自然流畅、一气呵成、清新明快、活泼优美的特点，及“二高一陈”的新国画运动强调师法自然、重视写生的独特风格均表现出岭南文化对自然的崇尚与亲近。

（二）岭南文化中的生态元素与智慧

海洋文明和农耕文明相互融合塑造而成的独特文化地域性格决定了岭南文化富含厚重的生态基因。[④] 这一文化形态，倡导人与人之间的和谐，人与自然之间的和谐，注重生态平衡，尊重自然、保护自然。岭南文化渗透到百姓的生产生活中，构成人们的独特生活方式、审美情趣、价值判断以及实践行动，形成独具特色的建筑生态文化、园林生态文化、花文化与

---

① 参见孙中山《孙中山全集》第2卷，中华书局1982年版。

② 杨定明：《东西文化冲突与岭南文化》，载《时代文学月刊》2009年第9期，第177－178页。

③ 陈白沙，原名陈献章（1428—1500），字公甫，号石斋，因曾在白沙村居住，人称白沙先生。出生于广东新会都会村，明代思想家、教育家、书法家、诗人，广东唯一一位从祀礼孔庙的明代硕儒，主张学贵知疑、独立思考，提倡较为自由的开放学风，史称江门学派。

④ 徐勇志：《岭南传统建筑文化的生态意蕴与现实挑战》，载《南方林业大学学报（人文社会科学版）》2016年第2期，第84－92页。

树文化、服饰与饮食生态文化及耕作生态文化等，这些都构成了岭南传统文化中丰富的物质生态文化元素和非物质生态文化元素。

例如，在岭南建筑生态文化中，潮汕建筑、广府建筑和客家建筑将生态价值诉求融入建筑理念、建筑取材、建筑装饰等方面，在理论层面可概括为“两观三性”，即整体观、可持续发展观和地域性、文化性、时代性。岭南园林也是我国园林艺术宝库中的一个重要流派。广东是岭南园林的主要发源地，如广东古典四大名园清晖园、可园、梁园和余荫山房，现代园林如广州草暖公园、流花湖公园勐苑、文化公园园中园等。在岭南园林生态文化中，“务实求乐”是岭南园林有别于北方皇家园林和江南园林的重要文化特征，其园林中生活内容和景点设施更为实在，空间适体宜人，注重现实的感观享受和身心娱乐，山池绕室，日涉成趣，其乐无穷。

再如，在客家人生产和生活方式中有突出表现的耕作生态文化。纵观闽、赣、粤交界区域，均是“八山一水一分田”的丘陵山区，没有平原广阔的耕地可作为其粮食的来源，于是客家人采用“梯田耕作”作为主要的土地利用方式，以解决土地与粮食需求之间的矛盾。缓坡辟林为地，扩大粮食作物的种植面积，不仅是中原农耕文化与山地环境嫁接的产物，而且是客家人定居多山地形的必然选择。梯田耕作在防止水土流失的前提下，极大地促进了土壤养分的积累，适应南方气候与多山地形，成为传统山地农业生产中生产力和生产技术较高的农业生产方式。因此，梯田耕作文化不仅仅是一个生态系统，它包含了人与土地协作的过程，这个过程中村落、梯田与森林之间形成小气候循环，是一种具有生态农业特色的文化。

岭南文化具有工具主义倾向，表现在其人本主义的哲学观、功利主义的道德观、实用主义的价值观和感觉主义的认知观等方面。[①] 岭南文化的远儒性和务实性使其更倾向于以切实可靠的行动缓解生态环境危机。岭南人不尚空谈，不为虚学，追求实用和效用，崇尚脚踏实地、埋头苦干。这种求真务实的作风对纠正当今盛行的“环境口号喊得响，环境行动做得

① 参见李权时《论岭南文化工具主义——兼论岭南文化的现代转换》，载《广东社会科学》2009 年第 4 期，第 52 – 57 页。

少”的虚浮现象大有好处：环境意识和环境行动相互影响，环境意识的提高有利于增加实际的环境行动，而实际的环境行动反过来会促进和巩固环境意识的形成和提高。

岭南文化的开放性和创新性使其更倾向于吸收多种文化精华，有利于培养生态意识的途径和方法的创造。生态意识的内涵广泛、丰富，包含地理学、生态学、环境学、哲学、伦理道德、法律学、政治学等多个学科的内容。它既包括对人与环境关系的认识论层次，又包括依据这种观点，正确处理人与环境关系的伦理道德层次、法律制度层次，还包括相应的行为规范和行为策略层次。所以，它是一个综合性的内容体系。① 生态意识的培养和形成是一个复杂的系统工程，需要我们善于吸收各种文化精华，以切实有效地促使人们形成生态意识。

当然，岭南文化中的一些其他特性，如重商性和功利性的属性，也可能会不易于形成生态意识，其结果甚至是对自然环境产生反向的破坏。商业社会关注人类眼前的经济利益，这使人们易于忽视自然的内在价值和规律，造成对自然的过度开发和掠夺，进而造成“人—社会—自然”关系的失衡以及日益严重的生态环境危机。改革开放近40年来，珠江三角洲耕地锐减、污染严重就是岭南文化这一特征带来负面影响的佐证。市场经济的发达使岭南文化中的市场文化深厚发达，市场意识和商业意识深入人心。这一方面使岭南人能在经济发展中捷足先登，勇往无畏；另一方面使岭南人习惯以理性经济人标准来衡量和指导行动。而生态环境在空间上涉及的广泛性和时间上涉及的长远性，使市场原则和规则在生态环境危机的面前往往束手无策，甚至具有反作用。

但毋庸置疑，岭南文化对生态文明建设的促进作用要远远大于抑制作用，岭南文化中所包含的各种物质、非物质的生态元素也是丰富多样的。

---

① 参见王民《环境意识概念的产生与定义》，载《自然辩证法通讯》2000年第4期，第86－90页。

二、广东生态文化建设的基本历程

作为岭南文化的发祥地和中国改革开放的前沿阵地，广东坚持走生产发展、生活富裕、生态良好的文明发展道路。努力建设美丽广东的自信和自觉正是来源于中华文明和岭南文化的深厚渊源，来源于对现实经济社会发展与环境保护关系的深刻认识，来源于对世界绿色发展大势的准确把握。广东在长期的生态文明建设探索和推动低碳发展历程中，通过深入挖掘中华文明特别是岭南文化中的生态元素内涵，积极塑造出了具有地域特征和时代气息的生态文化，形成了以人为本、合理开发、节约集约、永续发展的生态文明建设理念和实践硕果。

（一）1978—1991 年：生态环保宣传稳步推进

紧跟世界环境保护潮流，20 世纪 70 年代，我国环境保护意识开始觉醒，具体表现就是中国政府出席了 1972 年 6 月在瑞典首都斯德哥尔摩召开的联合国首届人类环境会议，这是讨论当代环境问题的第一次国际会议，会议通过了《人类环境宣言》，提出了“人类只有一个地球”的口号，它标志着全世界已经就环境问题的认识达成共识。1973 年 8 月，第一次全国环境保护会议召开，会议通过了《关于保护和改善环境的若干规定》，确定了环境保护的 32 字方针，这是我国第一个关于环境保护的战略方针，标志我国环境保护工作迈出坚实一步。1978 年党的十一届三中全会将包括“环境保护法”等在内的各项法律提上制订日程。1989 年 12 月，七届全国人大十一次会议正式通过《中华人民共和国环境保护法》，这是我国第一部环境保护的基本法律，标志着我国的环境保护工作开始步入法制化轨道。1992 年 6 月在巴西里约热内卢召开了联合国环境与发展大会，大会通过了 2 个纲领性文件《里约环境与发展宣言》和《21 世纪议程》，提出了“可持续发展”的新战略和新观念。中国政府积极参与其中，并于会后不久发布了《中国环境与发展十大对策》，明确提出可持续发展原则。

在这一系列重大的历史事件、关键会议及政策法规的推动下，以及伴随着自改革开放以来广东省在经济快速增长中逐步出现的生态环境问题，广东全省上下的环境保护意识开始觉醒，以可持续发展为核心的新理念和新战略开始形成并逐步增强，普及环境保护知识、开展环境保护宣传、培养环境保护意识成为教育部门、环境保护部门及宣传部门的重要工作之一。

（二）1992—2012年：生态保护理念广泛传播

生态文明重在建设，在生态意识树立起来和环境保护知识丰富起来的基础上，不断规范广大公众的生态环境行为，鼓励公众身体力行地参与到生态环境保护中，让理论指导实践，理念引导行动，是弘扬生态文化、培育环境意识的重要目标。

伴随着经济的高速发展和腾飞，广东的生态环境问题在全国出现较早，环境意识觉醒也较早。基于此，广东也是全国开展环境教育较早、成效较好的地区。[①] 在第一个《全国环境宣传教育行动纲要（1996—2010年）》颁布后，广东省和上海市就被确定为开展“绿色学校”创建活动的试点地区。1998年，广东省教育厅和原广东省环境保护局（2000年后增加了中共广东省委宣传部）为贯彻落实《全国环境宣传教育行动纲要（1996—2010年）》精神，联合在全省中小学及幼儿园开展了创建广东省绿色学校（幼儿园）的活动，经过多年努力，不仅推动了广东省环境教育走向纵深发展，还探索出以环保部门为主导、广大学校为主体的环境宣传教育工作新局面，学校自发创建绿色学校活动逐步被上升为广东省委、省政府为贯彻可持续发展战略的要求。原广东省环境保护局、中共广东省委宣传部、广东省教育厅联合印发了《2001—2005年全省环境宣传教育工作纲要》，要求所有学校必须重视环境教育工作，力争提高学生的环境意识，引导学生学习掌握环保知识。

进入21世纪，广东省委、省政府更是通过多种途径广泛传播生态意识和环境保护理念，包括教育和培训领导干部形成绿色领导思维、落实全

---

① 李汉龙：《广东省环境教育政策执行研究》（硕士学位论文），华南理工大学2013年。

民环境教育计划和建立社会环境教育体系、开展丰富多彩的宣传教育活动以及开展系统多元的绿色创建活动等，帮助政府、企事业单位、组织和公民个人牢固树立尊重自然、顺应自然、保护自然的生态文明理念，树立天人合一的生态世界观、厚德载物的生态伦理观以及顺应时代的生态实践观等，为生态文明建设奠定坚实的思想道德基础，不断引导全社会形成绿色生产和生活方式。在这一过程中，公众将理念转化为行动参与生态文明建设经历了一个从无到有、从少到多、从抽象口号到具体行动、从群众式运动到参与常态化、从响应政策号召到自觉主动参与的发展历程①。公众的广泛参与甚至倒逼政府的生态治理改革和进步。公众作为一支重要力量参与生态文明建设，正在汇入美丽广东建设的潮流之中。

（三）2013—2018 年：全面学习宣传习近平生态文明思想

党的十八大以来，习近平总书记关于生态文明建设发表了系列重要讲话，提出了一系列新思想新论断新要求，形成了习近平生态文明思想②③④，主要内容包括：人与自然和谐共生的生态文明观、良好生态环境是最普惠民生福祉的生态民生观、绿水青山就是金山银山的厚道发展观、实施最严格生态环境保护制度的生态法治观、统筹山水林田湖草系统治理的系统生态观、以“生态红线”为生命线的生态安全观。习近平生态文明思想继承并发展了马克思恩格斯人与自然和谐的思想，传承了中国传统文化中的生态智慧，深化了对社会发展规律的认识，创新了新时期党的执政理念。

生态环境是关系党的使命宗旨的重大政治问题，也是关系民生的重大社会问题。习近平生态文明思想是习近平新时代中国特色社会主义思想的

---

① 胡凌艳：《当代中国生态文明建设中的公众参与研究》（博士学位论文），华侨大学 2016 年。

② 李全喜：《习近平总书记生态文明建设思想的内涵体系、理论创新与现实践履》，载《河海大学学报（哲学社会科学版）》2015 年第 3 期，第 9 - 13 页。

③ 陶良虎：《建设生态文明 打造美丽中国——学习习近平总书记关于生态文明建设的重要论述》，载《理论探索》2014 年第 2 期，第 10 - 11 页。

④ 刘海霞、王宗礼：《习近平总书记生态思想探析》，载《贵州社会科学》2015 年第 3 期，第 29 - 33 页。

重要组成部分，是推进生态文明建设和生态环境保护、建设美丽中国的根本遵循和强大思想武器。进入党的十八大以来，为推进广东生态文明建设迈上新台阶，推动习近平生态文明思想在美丽广东落地生根、开花结果，全省上下不断兴起全面深入学习宣传和贯彻落实习近平生态文明思想新高潮，更加自觉地用习近平生态文明思想武装头脑、指导实践。通过深入学习和全面贯彻，广东全省各级领导干部逐步树立起正确的政绩观，切实增强做好生态环境保护工作的责任感和使命感，社会各界力量被广泛发动，人人参与、人人尽责的生态文明建设良好氛围逐步形成。

三、广东生态文化建设的主要成就

习近平总书记强调，要加快构建生态文明体系，加快建立健全以生态价值观念为准则的生态文化体系。① 2015 年 4 月，中共中央、国务院印发《关于加快推进生态文明建设的意见》，提出必须坚持把培育生态文化作为重要支撑，将生态文明纳入社会主义核心价值体系，加强生态文化的宣传教育，倡导勤俭节约、绿色低碳、文明健康的生产方式和消费模式，提高全社会生态文明意识。岭南文化拥有丰富的生态元素，这些元素在南粤大地的生态文明建设中发挥了春风化雨、润物细无声的引领功效。广东省一直注重生态文化的培养与建设，特别是党的十八大以来，生态文化建设的成效显著提高，生态文化服务水平不断提高，环境保护意识不断增强，绿色生活方式渐成风尚。

（一）生态文化宣传教育体系不断完善

广东省通过协同发展生态文明传播体系、广泛开展宣传教育和绿色创建活动，培育和丰富生态文化载体，积极推进生态文化产业蓬勃发展等，促进全省生态文明宣传教育体系完善发展，推动生态文化服务水平持续提高。

第一，协同发展生态文化传播体系。综合运用部门宣传和社会宣传两

① 习近平：《生态兴则文明兴》，载《人民日报（海外版）》2018 年 5 月 21 日第 1 版。

种资源、两种力量，形成优势互补、协同推进的生态文化宣传格局。同时依托新技术，大力推进传统出版与数字出版的融合发展，加速推动多种传播载体的整合，努力构建和发展现代化生态文化传播体系。广东省于1998年筹建了广东省环境保护公众网，并于1999年6月5日“世界环境日”正式开通，是国内最早建设的环境保护网站之一，是广东省环境保护厅面向公众服务的官方网站。网站自正式开通运行以来，以面向公众、服务社会、政务公开为宗旨，在政府信息公开、为民办事、网络问政、开展环境宣传等提升生态文化宣传服务方面起到了良好的推动作用。近年来，随着信息化和网络化的发展，广东省还开设了“广东环境保护”等用于提升环保服务、传播环境文化的微博平台和微信公众号等新窗口和新渠道。此外，广东省环境保护宣传教育中心作为广东省环境保护厅的直属单位，主要承担环境保护宣传教育的具体工作及指导市、县环境宣传教育工作；拟定并组织实施环境保护宣传教育和环境新闻出版计划、推动公众和非政府组织参与环境保护等。广东省委宣传、新闻等相关部门也专门设有环境保护宣传教育部门，开展生态文明建设和环境友好型社会建设的有关宣传教育工作，推动社会公众和社会组织参与环境保护。此外，广东全省成立有多个以环境保护与治理宣传工作为使命的各类公益性环境保护与生态文明建设的宣传教育组织，深入学校、政府部门、事业单位、企业工厂等进行环保相关知识宣讲和科普讲座，用浅显易懂的语言介绍“绿色环保”理念，并从日常生活点滴出发向社会公众讲解传播环境污染的危害及防治办法、食品安全和饮用水安全知识等。

第二，广泛开展宣传教育和绿色创建活动。习近平总书记在党的十九大报告中提出了“开展创建节约型机关、绿色家庭、绿色学校、绿色社区和绿色出行等行动”的要求。而广东省广泛开展形式多样的包括绿色学校、绿色社区和环境教育基地等绿色创建活动持续多年，成效显著。通过各类创建活动的开展，全省环境宣传教育深入开展，生态文化服务水平也不断提高。截至2010年，广东省共创建了绿色学校103所、绿色幼儿园39所，命名了21个广东省环境教育基地。截至2017年年底，全省已经创建绿色学校近1 400家。通过绿色学校创建，广东省把环境教育切实融入学校教育教学的全过程，有效地提高了环境教育的质量，让广大师生的环境意识大大增强，实践能力得到显著提高，学校的环境面貌也得到极大改观。在绿色社区创建上，广东省自2002年开始，原广东省环保局、广东省文明办在全省范围内启动了广东省绿色社区的创建活动。社区是城市的基础，是居民生活的家园，也是公众参与环境保护的重要平台，开展绿色社区创建正是为了提高广大市民的环境意识和文明素质，构建节约型、环境友好型社区，促进社区和谐发展。2003年，广州市荔湾区桃源社区等41个社区被命名为广东省首批“绿色社区”。截至2013年1月，广东全省已经建成205个省级绿色社区，其中21个成为国家表彰的绿色社区。发展到2017年，广东全省共创办绿色社区进一步增长到近300个。在环境教育基地创建活动上，“广东省环境教育基地”创建活动第一阶段早在1998年就已开始，经过3年左右于2000年结束，共命名了2批共22个环境教育基地。[①] 此后，该项工作被暂停，直到2012年重启。新启动的省级环境教育基地创建活动每年申报1次，截至2017年已经举办6次，获得“环境教育基地”称号的单位达到107家。环境教育基地的建设有助于公众逐步认清环境保护的重要性，进一步增强环保意识并养成对环境负责的行为习惯，是推动公众参与环保的重要手段。[②] 一大批在推动绿色生活方式、提高环境教育水平、推动生态文明建设、推进绿色发展、培育绿色公民、建设富强民主文明和谐美丽的社会主义现代化强国等方面做出突出贡献的学校、社区和单位陆续荣获“广东省绿色学校”“广东省绿色社区”和“广东省环境教育基地”殊荣。系列绿色创建活动的开展，既能够贯彻落实党中央、国务院的方针精神，有助于树立绿色发展和生态文明理念，提示公众参与环境保护，激发践行绿色生活方式的积极性，又可以引导公众尤其是广大中小学生树立善待自然、人与自然和谐相处的环境伦理观，养成崇尚自然、自觉保护生态环境和践行绿色低碳生活的行为规范。同

① 李汉龙：《广东省环境教育政策执行研究》（硕士学位论文），华南理工大学2013年。

② 李志红：《我国环境教育基地建设的未来展望——以广州市环境教育基地建设实践为例》，载《环境教育》2017年第11期，第42－45页。

时，创建活动还有助于形成类型各样、覆盖各类人群传播生态文明的有形载体，在创建打造载体的基础上生态文化服务水平也不断提升。

第三，培育和丰富生态文化载体。首先，广东省充分利用博物馆、展览馆、科技馆等场所，展示各地特色生态文化以及现代生态文明建设的最新成果。其次，广东省规划建设了一批生态文化内涵丰富的历史文化名镇名村，加强对承载生态文明的文物保护单位、非物质文化遗产的保护和传承。最后，广东省不断加大生态文化研究，大力发展山水文化、田园文化、森林文化、茶文化等，创新生态文化内容和形式。发挥文艺作品、地方志等在生态文化中的传播作用，支持和鼓励文学美术、影视戏剧等艺术创作融入生态文化元素，举办各类生态文化题材的文艺作品征集展演活动，带动全社会生态文明意识的提升。

第四，积极推进生态文化产业蓬勃发展。森林文化、竹文化、茶文化、花文化、生态旅游、休闲养生等生态文化产业，正在成为最具发展潜力的就业空间和普惠民生的新兴产业，其在创造巨大经济财富的同时也广泛传播生态文化。广东省将生态文化产业作为现代公共文化服务体系建设的重要内容，不断加大政策扶持力度。截至 2016 年，广东全省共建森林公园 1 351 个，其中国家级森林公园 2 个、自然保护区 360 多个。在生态旅游方面，广东省顺应国际旅游产业发展主流趋势，将旅游活动与生态保护、环保教育、文化体验和区域发展密切结合，推动形成有利于传播生态文明理念的旅游发展新业态。2016 年广东省实现旅游总收入 11 560 亿元，同比增长 11.5%；旅游外汇收入 190 亿美元，同比增长 8.3%。旅游接待过夜游客、入境游客等旅游各项主要指标继续保持全国第一。旅游不但成为广东稳增长的重要支撑，也是向全世界传播广东传统文化和生态文化的重要载体。在物质载体建设层面，生态文化的物质表层是生态文化的物质载体，是建设生态文化过程中最为基础的一个环节，对提升生态文化服务水平有明显的推动作用。广东省通过开展各类认证，将无公害食品、绿色食品、有机食品、绿色建材和生态建设作为承载生态文化的物质实体，在经济社会的生产、分配、交换、消费等环节传播生态文化的内涵。

（二）公民生态环保意识持续增强

2015年4月和9月，中共中央、国务院先后印发《关于加快推进生态文明建设的意见》《生态文明体制改革总体方案》，对生态文明建设做出顶层设计，首次提出“坚持把培育生态文化作为重要支撑”。宣传教育是传播生态文化、培育绿色生活方式的重要途径。为了强化公众环保意识，培育公众环境行为和绿色生活方式，广东省不断加强环境保护宣传教育工作的力度和广度。广东省政府分别于1999年印发的《关于切实加强环境保护工作的决定》和2002年印发的《广东省人民政府关于进一步加强环境保护工作的决定》等重要文件都明确要求，加大环境宣传教育力度，深入开展环保宣传教育活动，提高全民环境保护意识，增强公众环境参与能力。

经过多年发展，广东省通过宣传教育和生态文化的传播，对公众生态环境意识的培养成效斐然。一是将生态文化融入政府领导力培训内容，形成政府绿色领导方式。领导干部是群众的榜样，领导者更须顺应绿色经济时代，从绿色发展理念出发，形成绿色领导思维，大力加强环境保护意识和绿色发展能力建设，把绿色发展落实到经济社会发展的各项事业中。广东省把环境保护作为各级行政院校和干部培训的必修课程。仅在“九五”期间，广东省委、省政府就连续4年举办了可持续发展市长研究班，增强了地方一把手的可持续发展观念以及协调推进经济增长和环境保护的能力。二是将生态文化教育纳入国民教育体系。广东省高度重视大中小学生和幼儿等群体的生态文化教育，将可持续发展和环境保护教育作为国民素质教育的重要内容，纳入国民教育体系，纳入大中小学的课程体系，纳入公民道德建设的实施内容。从青年抓起、从学校教育抓起，着力推动生态文化进课程教材、进学校课堂、进学生头脑，全面提升青少年生态文化意识，启迪心智、传播知识、陶冶情操，在格物致知中培育中华生态文化的传承人。三是形成全方位、多领域、系统化、常态化的生态文化宣传教育推进模式。广东省以环境保护部门牵头，以环保宣传月活动为载体，依托“世界环境日”“世界地球日”“世界水日”“世界森林日”“世界土地日”

等重要纪念日以及宣传主题，积极开展群众性环境宣传教育活动，广泛宣传环保方针政策、法律法规，普及生态环保和绿色低碳知识，增强全社会的环境忧患意识和环境安全意识。6 月 5 日是世界环境日，作为品牌宣传活动，中共广东省委宣传部、广东省环境保护厅每年都将 5 月 15 日至 6 月 15 日定为“广东省环境保护宣传月”，至 2017 年已经持续 20 个年头。2017 年广东省环保宣传月的主题是“绿水青山就是金山银山——绿色发展・简约生活”，通过公益宣传、纪念活动联动，环保健康跑等系列活动的开展，有效地推动全社会积极参与和行动起来，共建共享绿色发展带来的生态福祉。“节能宣传月”也是广东省历年来开展节能低碳宣传教育和实践的重活动之一，2017 年，广东省节能宣传月活动主题为“节能有我，绿色共享”，突出的正是大力倡导勤俭节约、绿色低碳的社会风尚。广东省还通过植树节、爱鸟周等主题活动，提高全社会对生态保护与建设的关注。将自然保护区、风景名胜区、森林公园、湿地公园等作为普及生态知识的重要阵地，提高社会公众生态文明意识。例如，广东省通过举办生态文化节弘扬生态文化。为贯彻落实广东省委、省政府《关于进一步加强环境保护推进生态文明建设的决定》，繁荣环境文化、树立环保自觉、建设生态文明、推动科学发展，广东省环境保护厅、广东省文学艺术界联合会、广东省作家协会于 2012 年开始在全省组织开展首届“广东环境文化节”活动，具体包括广东环保诗歌大赛、广东环保漫画大赛、广东环保歌曲创作大赛。广东环境文化节每年举办 1 次，已经举办五届，目前第六届正在举办中，通过文化节的举办，极大地提高了公众对生态文化的参与，极大地提高了生态文化的普及和生态理念的宣传。

（三）绿色生活方式渐成社会风尚

环境意识不仅包括人们对环境的认识水平，即环境价值观念，还包括人们保护环境行为的自觉程度。只有使各类组织、群体和个人都认识到生态环境和人类生存的关系，认识到生态危机对人类的危害，保护环境才能变成人们的自觉行为，才能把建设美丽中国内化为人们的自觉行动。推动形成绿色发展方式和生活方式，是发展观的一场深刻革命。习近平总书记强调生态文明建设同每个人息息相关，每个人都应该做践行者、推动者。党的十八大以来，党中央、国务院把生态文明建设和环境保护摆上更加突出的战略位置，对绿色发展、绿色生活做出一系列新决策新部署新安排。《中共中央关于制定国民经济和社会发展第十三个五年规划的建议》提出："坚持绿色富国、绿色惠民，为人民提供更多优质生态产品，推动形成绿色发展方式和生活方式，协同推进人民富裕、国家富强、中国美丽。"中共中央、国务院《关于加快推进生态文明建设的意见》中提出要"培育绿色生活方式。倡导勤俭节约的消费观。广泛开展绿色生活行动，推动全民在衣、食、住、行、游等方面加快向勤俭节约、绿色低碳、文明健康的方式转变，坚决抵制和反对各种形式的奢侈浪费、不合理消费"。新《环境保护法》规定，公民应当增强环境保护意识，采取低碳、节俭的生活方式，自觉履行环境保护义务。2015 年 11 月，原环境保护部印发《关于加快推动生活方式绿色化的实施意见》指出，力争实现到 2020 年，公众践行绿色生活的内在动力不断加强，社会绿色产品服务快捷便利，公众绿色生活方式的习惯基本养成。

党的十九大报告指出，我国社会主要矛盾已经转化为人民日益增长的美好生活需要和不平衡不充分的发展之间的矛盾。人们过去盼"温饱"，现在盼"环保"，过去求"生存"，现在求"生态"。随着生活水平的提高，生态环境的稀缺价值越来越凸显，人们对破坏环境、浪费资源行为的容忍度越来越低。绿色基因正在融入现代生活，环保消费逐步成为大众主流选择。在日常生活衣食住行的各个方面，注重环保、注重节约资源能源，崇尚自然、追求健康的绿色生活方式和绿色适度模式正在成为社会新风尚。

广东省积极倡导全民参与生态文明建设。动员群众主动参与城镇生活垃圾分类收集、资源回收利用、义务植树造林、环保志愿者行动等公众活动。以广州市为例，作为全国垃圾分类的先行者，广州市从 2000 年开始探索生活垃圾分类，于 2015 年成功创建全国第一批生活垃圾分类示范城市，初步探索出一条具有特大型城市特点和广州特色的垃圾分类路子。2017 年 8 月，广州市城管委公布了广州全市 100 个生活垃圾强制分类生活

居住样板小区名单，同时制定出台了《广州市创建生活垃圾强制分类生活居住样板小区工作标准》，通过城管部门组织的检查验收，得分在90分以上的小区会被授予“生活垃圾强制分类生活居住样板小区”称号。为配合工作有序开展，广州市还在全市针对机关、企事业单位和物业等单位开展了生活垃圾强制分类的专项执法工作，对于普通居民则仍以宣传鼓励为主。在立法层面，《广州市生活垃圾分类管理条例》已经由广东省第十三届人民代表大会常务委员会第二次会议于2018年3月30日批准，于2018年7月1日起正式施行。《广州市生活垃圾分类管理条例》对厨余垃圾投放、社会监督员公开选聘、垃圾分类投放及相关处罚等都做了明确规定。其中，个人未按规定将生活垃圾分类投放的，将处200元以下的罚款，产生生活垃圾的单位，若违反条例，将处5 000元以上5万元以下的罚款。再以农村生活垃圾治理的公众参与为例，结合新农村建设和乡村振兴战略的实施，广东省许多农村地区的村规村约中都进一步强化了生态保护内容，爱护环境、保护环境、节约资源渐渐成为广大村民的行为习惯。

广东省下大力气从供应链对绿色生产和生活方式进行积极引导，不断强化企业生态环保责任意识。鼓励和支持企业履行环保责任，增强环境保护意识、环境风险意识、环境道德意识和社会责任意识，严格遵守环境保护法律法规，在实践中，环境保护理念已经逐步融入企业文化，推动企业自觉开展环境公益活动，树立绿色企业的良好形象。据原广东省经信委统计，截至2017年，广东全省已经拥有国家级绿色工厂60个、绿色产品67种、绿色供应链示范企业6家、绿色制造系统集成项目17个、绿色数据中心8家，数量均居全国首位。广东省还充分发挥政府引导作用，以广汽集团、比亚迪集团等汽车生产、电池生产、梯级利用企业和再生利用企业为主体，推行生产者责任延伸制度，探索动力蓄电池回收利用市场化商业运作模式。其中，深圳市已经率先在回收网络构建、商业模式创新、技术研发应用、配套激励政策等方面取得突破，形成可复制、可推广的典型模式和经验。

四、广东生态文化建设的主要经验

（一）思想传播上坚持历史传承和理论创新并重

在培育绿色生态文化理念上，广东始终坚持历史传承和理论创新并重。价值理念是文化最基本的功能，也是文化的最高层次。历史告诉我们，任何一种社会的变迁和发展，都需要通过培养和沉淀一定的文化理念，为变迁提供正确的导向和指引。生态文明社会的成功构建，同样需要生态文化知识体系源源不断的供给。

习近平总书记指出，我们中华文明传承5 000多年，积淀了丰富的生态智慧。“天人合一”“道法自然”的哲理思想，“一粥一饭，当思来处不易；半丝半缕，恒念物力维艰”的治家格言，这些质朴睿智的自然观，至今仍给人以深刻警示和启迪。[①] 生态文化体系思想渊源的很大一部分，正是来源于中华民族优秀历史文化当中。这其中最为显著的正是习近平总书记在讲话中提到的强调整体性、和谐性和统一性的“天人合一”的整体观。从先秦的“天人合一”论到宋明的“万物一体”论，都是这一特征的集中体现。中国古代思想家早已将天地万物视为一个有机联系的整体，认为它们相互依存，相互支撑，只有处于和谐关系中，才能各得其所，得到发展并生生不息。中国传统哲学把这种天地万物和谐的状态概括为“天人合一”，这也是绵延至今的中国生态伦理思想的哲学基础。今天我们所要树立的尊重自然、顺应自然、保护自然的生态理念也正是起源于此。

广东在构建生态知识供给体系和培育绿色生态文化理念过程中，既坚持深入挖掘中华文化及其分支岭南文化中的生态文明内涵，传承并弘扬崇尚自然、天人合一的优秀传统文化，同时又注重学习和吸收不同国家和地区特别是发达国家和地区的先进经验和文化，创新性地塑造具有时代气息、广东特色的生态文化，形成尊重自然、以人为本、合理开发、节约集

---

① 中共中央文献研究室：《习近平关于社会主义生态文明建设论述摘编》，中央文献出版社2017年版，第6页。

约、创新驱动、永续发展的生态文明建设和绿色发展理念。例如，广东不断加大对自然景观、人文历史等旅游资源和广府文化、客家文化、侨乡文化、潮汕文化等传统文化的保护；始终坚持五位一体的整体发展观，以整体观思想指导处理经济发展与生态环境保护之间的关系，始终坚持绿水青山就是金山银山，保护生态环境就是保护生产力，改善生态环境就是发展生产力的总体思路，全面落实经济建设、政治建设、文化建设、社会建设、生态文明建设五位一体的总体布局，促进经济、社会、人口、资源与环境协调发展；在推进生态文明建设中坚持用整体观思想对全省“山、水、林、田、湖、草”等生态元素进行系统认识，开展共同保护和统筹治理。

广东在对中华优秀传统文化和岭南文化的继承弘扬基础上，充分吸取国际上在保护中发展的先进经验和先进手段，通过构建具有现代气息和价值理念的生态文化道德体系、生态文化宣传教育体系及开展生态文化宣传教育专项活动，让发展与保护共赢，以及“经济生态化”“生态经济化”“生态产业化”“产业生态化”等新时代生态文化和绿色发展理念得以深入人心。通过现代科技等多种创新手段，在中小学校幼儿园开展形式多样的生态文化教育教学和科普活动，使生态文明理念“进校园、进课堂、进头脑、进行动”，从小抓起、从娃娃抓起，培育学生的生态文明意识、理念和行为习惯。将生态文明理论与实践等相关内容纳入各类职业教育、干部培训体系、企业员工培训和文化建设、社会文化建设等体系中，把生态保护教育作为市、区两级领导干部培训活动必修课程。利用政务微博、政务微信、社交网络、手机短信等新媒体，开展形式多样、交流互动性强的生态宣传教育活动，打造信息交流“微”平台。结合世界环境日、世界地球日、世界水日、世界森林日、世界海洋日和全国节能宣传周等现代环境保护活动日主题，积极开展群众性生态文明科普教育活动，提升全社会对生态文明建设和绿色发展的关注。

广东的经验告诉我们，在古老的中华大地上开展生态文明建设、推动绿色低碳发展，一定要注重将中华文化的传统性与当前建设的现代性相结合，不仅要汲取国外环境保护与生态建设的有益经验，更要利用好中华传统文化这个巨大的“思想宝库”，努力发现并善于利用中华传统文化中的生态智慧，将之与现代生态文明建设工作相结合，使传统性与现代性交融生辉，为生态文明建设增添新元素、启迪新思路、开辟新境界。

（二）行为引导上坚持榜样引领和先进示范并举

在对绿色生活方式和消费模式等绿色行为的引导上，广东始终坚持榜样引领和先进示范并举。生态行为文化是生态文化的第三个层次，在观念文化认同和制度文化内化于心的基础上，做到在实践中外化于行，以此促进形成生态文明和绿色发展的价值取向、道德内省、先进带动、榜样示范，才能将生态行为贯彻于人们的具体实践中，形成绿色健康发展新模式。

生态文明建设需要充分发挥人民群众的积极性、主动性、创造性，凝聚民心、集中民智、汇聚民力。公众既是污染的受害者，也是污染的制造者。加快推动生态文明建设，切实解决好目前的生态环境问题，推动公众生活方式绿色化尤为重要。实践表明，在生态文明建设和环境保护过程中，如公众和社会都行动起来，人人都自觉参与和践行环境保护，实现生活方式和消费模式向绿色化转变，将可以带来巨大的环境效益和经济效益，其作用将胜过政府数百倍的投入。

广东省在引导绿色生态行为的实践探索中，第一是突出强调政府的示范带动作用，包括推广应用节能、节水、节电技术，建设节能、节水、节电型单位。在政府采购和购买服务过程中，实行节能和环保产品强制采购或优先采购制度，并不断提高采购节能环保产品的能效水平和环保标准，扩大政府采购节能环保产品范围和比例；推进政府机构和公共机构建筑节能改造和审计工作；践行绿色办公方式，广泛推进无纸化办公，推广普及视频会议。第二是突出强调企业生态责任，包括鼓励和支持企业转变生产经营理念，增强生态保护意识、环境风险防范意识、环境道德意识和社会责任意识，严格遵守生态环保法律法规，积极履行生态责任，将生态环保理念融入企业生产经营和文化建设，自觉参与环境公益活动，树立企业的生态环保形象；推动企业主动公开环境信息，主动接受公众和社会监督，

强制公开重污染行业企业环境信息，规模以上企业要建立完善环境管理体系；充分发挥行业协会的规范、引导和自律作用，发起企业环境责任行动倡议；支持环保领域龙头企业建设生态环保教育基地。第三是积极倡导公众广泛参与。包括挖掘、发挥社会公益组织对生态文明建设的积极推动作用。鼓励支持各类行业协会、公益组织、志愿者组织开展多种形式的环境公益活动，在政府与公众之间搭建沟通与对话的桥梁，在宣传政府相关生态环保政策、充分了解和反映民情民意、促进生态文明建设从政府决策走向公众参与过程中，不断传递正能量，为生态文明建设献计献力；通过发动社会力量参与、向社会力量购买服务等多种方式，加强涉自然保护区、生态公益林、湿地、森林公园等生态保护社会管理力量。建立公众参与激励机制，鼓励公众举报生态违法行为；引导广大民众践行绿色生活方式，鼓励低碳环保出行，鼓励居民绿色适度消费；限制商品过度包装，倡导市民自觉抵制和不消费对环境造成破坏或大量浪费资源的商品；限制不可降解塑料袋使用，鼓励自带购物袋和使用可降解塑料袋；推动落实节能产品惠民工程，积极推广节能灯、节能家电等节能产品，鼓励市民购买能效标识产品、低碳认证产品、环境标识产品和无公害标志食品等；引导社会公众积极参与生活垃圾分类收集、节能低碳、资源回收利用、义务植树造林、环保志愿者行动等公益活动。探索推进碳普惠制，加大财政资金投入力度，引导社会资金积极参与，对居民节水、节电、低碳出行、资源节约等行为予以物质奖励。

实践证明，生态文明建设需要行动上的榜样示范。榜样和先进典型可以发挥示范引领作用，通过弘扬榜样精神，形成以点带线、以线带面的撬动作用，营造推动生态文明建设的良好氛围。在榜样引领和先进示范的共同作用下，当全社会不仅争当生态文明思想上的巨人，更争当生态文明建设行动上的巨人时，全社会必将实现生活方式和消费模式向勤俭节约、绿色低碳、文明健康的方向转变，形成人人、事事、时时崇尚生态文明的社会新风尚。

（三）载体建设上坚持环境优美和生态惠民并进

在不断夯实绿色生态物质文化，建设各类传播生态文化的载体上，广东始终坚持环境优美和生态惠民并进。生态物质文化主要是生态文明建设所彰显出来的器物层面的物质外化，是全民可享的优美生态环境及其载体，包括不同层次的生态城市、生态社区、生态产业、生态产品、清洁生产工艺、绿色消费产品和生活工具等。由理念到制度，由行为再到物质，由内而外，由表及里，内与外之间相互促进、相得益彰，生态物质文化作为生态文化和生态文明外显的表征，是培育生态文化的物质具象与重要平台。生态文明建设和绿色发展的物质成就，如蓝天碧水青山，人们看得见、摸得着、感受得到。更为重要的是，这是一笔属于全人类的、可以共同分享的宝贵财富。人类只有一个地球，各国共处一个世界，构建人类命运共同体，是习近平新时代中国特色社会主义思想的重要组成部分，是新时代坚持和发展中国特色社会主义的基本方略。

生态物质文化领域的实践探索在广东的绿色转型发展进程中更是举不胜举。仅以广东省大力实施的产业转移和振兴粤东西北战略为例，各产业转移园区的规划建设彻底摒弃了珠江三角洲地区过去不惜牺牲环境、消耗资源换取发展的传统老路，纷纷选择以绿色发展为基准、以低碳发展为引擎、以循环发展为模式、以可持续发展为核心的新道路，尊重自然规律、经济规律和科学规律，努力实现人与自然的和谐相处、经济与环境的协调发展。例如在河源市提出的反梯度发展理念中，就坚决杜绝承接珠江三角洲地区的淘汰产业和落后技术，直接将目光瞄准战略发展制高点，以新兴产业与高端引领产业作为转移园发展重点，吸引了大量优质、绿色项目落户。梅州、肇庆等多市则确立了生态优先、绿色崛起的发展理念，在承接产业转移的过程中注重凸显山水城市特色，关注生态环境安全，主动选择低污染、效益好、用地省、带动能力强的项目为主导产业。

绿色增长更为强调的是一种全面、公平、均衡、包容的增长模式，并始终把共享改革发展成果和增进人民福祉作为增长的根本出发点和落脚点。经济增长是前提和根本，只有具备良好的经济基础，才能为公民享有

机会平等权利、共享改革发展成果创造条件。绿色转型在发展层面蕴含着多种发展的“共同利益”和新的机会，如更清洁的能源、更好的健康以及更强的生态系统保护，而这些又会产生出新的绿色就业机会。这些“共同利益”和新机会所产生的生态普惠效果对于欠发达地区和农村地区的人们来说尤为重要。

第九章　新时代广东生态文明建设的新使命

习近平总书记指出，生态兴则文明兴，生态衰则文明衰。生态文明建设是中国特色社会主义事业的重要内容，关系人民福祉，关乎民族未来，事关“两个一百年”奋斗目标和中华民族伟大复兴中国梦的实现。当前，广东生态文明建设进入了新阶段，正处于压力叠加、负重前行的关键期，已进入提供更多优质生态产品以满足人民日益增长的优美生态环境需要的攻坚期，也到了有条件有能力解决生态环境突出问题的窗口期。展望未来，广东生态环境保护挑战与机遇并存、压力与动力同在。要充分认识加快推进生态文明建设的重要性和紧迫性，按照“坚持人与自然和谐共生”的基本方略要求，坚决贯彻习近平生态文明思想，树立绿色发展理念，将生态文明建设与推进供给侧结构性改革等措施有机结合起来，加快形成人与自然和谐发展的现代化建设新格局，把广东建设成为中国特色社会主义生态文明建设的样板，为建设美丽中国做出更大贡献。

一、坚持“两山”理论不动摇，全面贯彻习近平生态文明思想

习近平总书记指出，“我们既要绿水青山，也要金山银山。宁要绿水青山，不要金山银山，而且绿水青山就是金山银山。”这一重要论述深刻揭示了人与自然、社会与自然的辩证关系，是习近平生态文明思想的核心观念，为新时代生态文明建设提供了理论指导和实践范式。我们要坚持以

习近平新时代中国特色社会主义思想为指引，增强“四个意识”，坚定“四个自信”，坚决维护习近平同志在党中央和全党的核心地位，坚决维护以习近平同志为核心的党中央权威和集中统一领导，始终在思想上政治上行动上与以习近平同志为核心的党中央保持高度一致。要深入学习贯彻习近平生态文明思想，树立和践行绿水青山就是金山银山的理念，坚持以人民为中心的发展思想，始终把人民放在心中最高位置，大力学习和弘扬艰苦奋斗精神，久久为功，一年接着一年干，一代接着一代干，坚定不移走生产发展、生活富裕、生态良好的文明发展道路，让“两山”理论在广东大地化为生动实践、结出丰硕成果。

党的十九大报告指出，我们要建设的现代化是人与自然和谐共生的现代化，为此，必须坚持节约优先、保护优先、自然恢复为主的方针，形成节约资源和保护环境的空间格局、产业结构、生产方式、生活方式，还自然以宁静、和谐、美丽。面对资源约束趋紧、环境污染严重、生态系统退化的严峻形势，必须树立尊重自然、顺应自然、保护自然的生态文明理念。只有实现了生态环境的好转，小康社会才有坚实的生态基础，只有实现了人与自然的和谐，社会和谐才能得以实现。因此，我们必须把生态文明提到全局高度，把生态文明建设放在突出地位，实现中华民族永续发展。

二、坚持绿色发展不松劲，形成绿色生产生活新格局

坚持绿色发展是发展观的一场深刻革命。习近平总书记指出，“正确处理经济发展和生态环境保护的关系，像保护眼睛一样保护生态环境，像对待生命一样对待生态环境，坚决摒弃损害甚至破坏生态环境的发展模式，坚决摒弃以牺牲生态环境换取一时一地经济增长的做法。”坚持“生态优先、绿色发展”，坚持传统产业与新兴产业互促共进、深度融合，推进能源生产和消费革命，着力打造绿色产业、绿色制造、循环经济、清洁能源、低碳经济，积极鼓励和支持绿色技术创新，全方位推动产业转型升级，做到经济效益、社会效益、生态效益同步提升，实现大地山川绿起来，生活环境美起来，人民群众富起来。

首先，必须推动生产方式绿色化。习近平总书记指出：“必须加快推动生产方式绿色化，构建科技含量高、资源消耗低、环境污染少的产业结构和生产方式，大幅提高经济绿色化程度，加快发展绿色产业，形成经济社会发展新的增长点。”

推动生产方式绿色化，需要构建绿色化的产业结构和能源结构。一要通过降低消耗、升级改造、循环利用等方式加快传统产业绿色化；二要依靠科技进步、管理创新和劳动者素质的提高，加快新兴产业绿色化，培育和形成新的经济增长点；三要通过政策引导、技术主导、投资带动等方式，大力发展节能环保产业，加快形成新的支柱产业；四要优化调整能源结构，严格控制煤炭消费总量，增加清洁能源利用规模，通过开发利用风能、太阳能、核能等新能源来替代传统的化石能源。

其次，必须推动生活方式绿色化。中共中央、国务院《关于加快推进生态文明建设的意见》中提出，“要加快推动生活方式绿色化，实现生活方式和消费模式向勤俭节约、绿色低碳、文明健康的方向转变，力戒奢侈浪费和不合理消费。”

生活方式绿色化强调公众个体在日常生活中的行为养成和观念转变。生活方式绿色化包括节约的生活方式和消费理念，还应包括尊重自然、珍惜生命、追求天人合一的生态伦理道德。加强生态文明建设，需要充分发挥人民群众的积极性、主动性、创造性，凝聚民心、集中民智、汇聚民力。生活方式绿色化首先需要理念上的认同，其次需要实现生活方式和消费模式向勤俭节约、绿色低碳、文明健康的方向转变。在衣着穿戴、餐饮食用、交通工具、消费习惯等各个方面，都要体现出绿色环保的行为和理念，逐步让自然、环保、节俭、健康的生活方式深入人心，成为大众化的主流选择。生活方式绿色化需要全社会共同的努力，每一位公民都不能置身事外、袖手旁观，从自己做起，倡导绿色低碳生活方式，养成绿色生活的日常行为习惯。

三、坚持构建生态发展国土空间新格局，加大生态系统保护力度

习近平总书记指出，“国土是生态文明建设的空间载体。要按照人口资源环境相均衡、经济社会生态效益相统一的原则，整体谋划国土空间开发，科学布局生产空间、生活空间、生态空间，给自然留下更多修复空间。”广东省委十二届四次全会提出要实施以功能区为引领的区域发展新战略，强调在空间布局上绿色发展、生态优先，全面构建“一核一带一区”区域协调发展新格局，加快推动区域协调发展，建设粤北生态发展区。

加快划定并严守生态保护红线、环境质量底线、资源利用上线“三条红线”，确保重要生态空间的生态功能不降低、面积不减少、性质不改变。坚持保护优先、自然恢复为主，推进重点区域和重要生态系统保护与修复，全面提升各类生态系统服务功能。以南岭山脉、云开山脉、凤凰—莲花山脉等北部连绵山体为主，加强重点生态敏感区域保护，加快水土流失治理和石漠化治理，推进矿区植被恢复，积极开展森林抚育改追封山育林，修复南岭地带性森林植被，构建北部及珠三角外环森林生态屏障带，增强生态防护功能。以东江、西江、北江、韩江等主要江河流域以及具有饮用水水源地功能结的大中型水库集雨区为主，强化水源涵养林、水土保持林和沿江防护林建设，提高水源涵养和水土保持能力。加强森林公园、湿地公园、自然保护区、生态廊道、城区绿地、环城防护林带、生态控制线等区域绿地建设，构建大型森林组团、城市绿地与绿色生态廊道相结合的珠三角城市森林绿地体系，提高城市森林绿地总量。以海岸带、近海岛屿和沿海第一重山为主，结合海岸带综合整治，科学合理开展沿海滩涂红树林、沿海基干林和沿海纵深防护林建设，加强河口和滨海湿地生态系统的修复和保护，构建防灾减灾功能与景观效果相结合的沿海防护林生态安全体系。抓住粤港澳大湾区建设重大历史机遇，深化与港澳生态环境保护合作。通过全社会共同行动，真正实现生态系统的良性循环，以生态底色绘就未来发展蓝图，为子孙后代留下天蓝、地绿、水净的美好家园。

四、坚持打好打赢污染防治攻坚战，集中力量解决突出生态环境问题

打好污染防治攻坚战是生态文明建设和生态环境保护的重点任务、当务之急，是决胜全面建成小康社会、开启全面建设社会主义现代化国家新征程的一个前提条件。以实施广东省打好污染防治攻坚战三年行动计划为契机，坚决打赢蓝天保卫战和打好水源地保护、劣Ⅴ类水体消除、城市黑臭水体治理、高污染高排放行业企业淘汰、农业农村污染治理、柴油货车污染治理等战役，集中力量解决突出生态环境问题，确保主要污染物排放总量大幅减少、生态环境质量标志性改善，人民群众的生态环境获得感、幸福感、安全感显著增强。

重点加强河道水库地下水源地资源保护、城乡县镇周边生态湿地等水生态监管修复、劣Ⅴ类水体以及黑臭水体等污染治理工作，推进跨界流域水质保护、中小河道水体治理、县级以上街区主支河涌综合整治工作，全力提升优良水体等级和达标稳定性；坚决从源头上严格控制污染物排放，保障广东蓝天的持续性，大力推进工业源、移动源、点面源全面监管和协同防治，严格加强工业燃料和公共交通的清洁能源换代效率，实现污染排放源治理全面达标排放，呵护亮丽广东蓝；全面加强城乡土壤环境综合整治，加强固体废物减量化、资源化、无害化的治理趋势，着力解决固体废物污染环境问题，开展土壤污染状况详查，实施农用地土壤环境分类管理和建设用地准入管理，保障农业农产品质量和农村人居环境安全。

五、坚持深化生态领域体制改革，构建现代化环境治理体系

守住绿水青山必须依靠制度的刚性和权威，要用最严格的制度最严密的法治保护生态环境。党的十九大报告明确指出，构建政府为主导、企业为主体、社会组织和公众共同参与的环境治理体系，提高污染排放标准，强化排污者责任，健全环保信用评价、信息强制性披露、严惩重罚等制

度。当前迫切需要建立环境管控的长效机制，让环境管控发挥绿色发展的导向作用。充分发挥制度对生态文明建设的驱动作用，通过顶层设计对法律法规、体制机制改革以及官员考核体系等重大制度安排，落实生态文明建设各项具体要求，使生态文明建设实践的发展和完成构筑规范化、法治化的制度保障。

改革生态环境监管体制，健全生态环境监管机制，严格环境质量达标管理。将环境保护督察向纵深推进，不断提高督察效能。加快推进排污许可制度，逐步提高污染物排放标准，全面实施以控制污染物排放许可制为核心的环境管理制度，推进排污权有偿使用和交易工作。稳定增加环保投入，完善绿色金融体系，推进社会化生态环境治理和保护，建立市场化、多元化生态补偿机制，实行生态环境损害赔偿制度。健全生态保护责任追究制度，加快推进生态环境损害赔偿制度改革，探索利用司法、财政等手段强化生态环境保护和修复。加快建立绿色生产和消费的法律制度和政策导向，加强行政执法与刑事司法衔接，推进环境执法规范化建设，坚决制止和惩处破坏生态环境行为。推进环境信用体系建设，开展企业环境信用评价，构建跨部门信用联合惩戒和联合激励制度。完善生态环境保护考核办法，制定地区相关实施办法，加强对市县、部门的考核，将考核结果作为对各市县领导班子和部门领导干部综合考核评价的重要依据。

生态环境保护是功在当代、利在千秋的事业，新时代推进生态文明建设责任重大、使命光荣。要充分认识加快推进生态文明建设的重要性和紧迫性，坚持生态优先，践行绿色发展，牢固树立绿水青山就是金山银山的理念，努力实现绿色崛起，为广东实现“四个走在全国前列”、当好“两个重要窗口”筑牢生态基础，不断开创美丽广东建设新局面。

参考文献

[1]［美］诺斯. 制度、制度变迁与经济绩效［M］. 刘瑞华，译. 上海：上海人民出版社，1993.

[2] 国家气候变化对策协调小组办公室与中国21世纪议程管理中心. 全球气候变化——人类面临的挑战［M］. 北京：商务印书馆，2014.

[3] 习近平. 干在实处，走在前列：推进浙江新发展的思考与实践［M］. 北京：中共中央党校出版社，2006.

[4] 习近平. 决胜全面建成小康社会 夺取新时代中国特色社会主义伟大胜利——在中国共产党第十九次全国代表大会上的报告［M］. 北京：人民出版社，2017.

[5] 习近平. 习近平谈治国理政［M］. 北京：外文出版社，2014.

[6] 习近平. 习近平谈治国理政：第二卷［M］. 北京：外文出版社，2017.

[7] 习近平. 之江新语［M］. 杭州：浙江人民出版社，2007.

[8] 杨志峰，刘静玲. 环境科学概论［M］. 2版. 北京：高等教育出版社，2010.

[9] 袁奇峰，等. 改革开放的空间响应——广东城市发展30年［M］. 广州：广东人民出版社，2008.

[10] 张坤民，潘家华，崔大鹏. 低碳经济论［M］. 北京：中国环境科学出版社，2008.

[11] 中共中央宣传部. 习近平总书记系列重要讲话读本［M］. 北

京：学习出版社，人民出版社，2014.

［12］中共中央宣传部. 习近平新时代中国特色社会主义思想三十讲［M］. 北京：学习出版社，2018.

［13］中央文献研究室. 习近平关于全面深化改革论述摘编［M］. 北京：中央文献出版社，2014 年.

［14］程玉鸿，阎小培，林耿. 珠江三角洲工业园区发展的问题、成因与对策——基于企业集群的思考［J］. 城市规划汇刊，2003（6）.

［15］邓于君，张静. 产业结构对广东能源利用效率影响的实证分析［J］. 广东行政学院学报，2015（5）.

［16］丁晋清. 建设生态文明是中国特色社会主义的本质要求［J］. 理论探讨，2007（12）.

［17］董振斌，刘憬奇. 中国工业电机系统节能现状与展望［J］. 电力需求侧管理，2016（3）.

［18］郭贤明，钟式玉. 广东新能源产业对经济发展的作用与潜力［J］. 电力与能源，2015，36（5）.

［19］黄宁生，孙大中. 广东省耕地资源的利用问题［J］. 地球化学，1998，27（4）.

［20］李全喜. 习近平生态文明建设思想的内涵体系、理论创新与现实践履［J］. 河海大学学报（哲学社会科学版），2015（3）.

［21］李权时. 论岭南文化工具主义——兼论岭南文化的现代转换［J］. 广东社会科学，2009（4）.

［22］李新春，胡晓红. 科学管理原理：理论反思与现实批判［J］. 管理学报，2012（5）.

［23］梁国昭. 广东的湿地及其保护［J］. 热带地理，2004，24（3）.

［24］梁喆，张益民. 广东省电机能效提升工作实践［J］. 能源研究与利用，2016（6）.

［25］廖世添. 广东人口与环境、资源［J］. 南方人口，1995（1）.

［26］刘海霞，王宗礼. 习近平生态思想探析［J］. 贵州社会科学，2015（3）.

[27] 莫大喜，等. 广东发展可再生能源的政策选择［J］. 开放导报，2012，10（5）.

[28] 覃梓盛. 广东能源供需现状与能源结构调整的对策——2008 年广东能源经济面临的新形势分析［J］. 广东经济，2008（10）.

[29] 唐孝祥. 试论近代岭南文化的基本精神［J］. 华南理工大学学报（社会科学版），2003（1）.

[30] 陶良虎. 建设生态文明 打造美丽中国——学习习近平总书记关于生态文明建设的重要论述［J］. 理论探索，2014（2）.

[31] 王宝强，杨飞. 海平面上升对生态系统服务价值的影响及适应措施［J］. 生态学报，2015（35）.

[32] 王树功，周永章，麦志勤，金辉. 城市群（圈）生态环境保护战略规划框架研究——以珠江三角洲大城市群为例［J］. 中国人口·资源与环境，2003，13（4）.

[33] 许秀玉，曾锋，黎珊颖，等. 广东省沿海防护林体系建设现状、问题与对策［J］. 林业与环境科学，2009，25（5）.

[34] 杨定明. 东西文化冲突与岭南文化［J］. 时代文学月刊，2009（9）.

[35] 杨解君. 论中国能源立法的走向——基于《可再生能源法》制定和修改的分析［J］. 南京大学学报，2012（6）.

[36] 杨蕾. 基于能流图的广东能源供应安全分析［J］. 生态经济，2013（5）.

[37] 杨宇，由翌. 从整合发展到全域规划——珠江三角洲区域规划新趋势［J］. 城市与区域规划研究，2015（3）.

[38] 叶玉瑶，张虹鸥，等. 珠江三角洲建设用地扩展与经济增长模式的关系［J］. 地理研究，2011，30（12）.

[39] 余甫功. 能源结构变化对能源效率作用研究——以广东为案例［J］. 广西社会科学，2008（2）.

[40] 张磊，黄雄. 我国能源管理体制的困境及其立法完善［J］. 南京工业大学学报，2011（1）.

[41] 张云锐. 广东能源消费与出口贸易的实证分析［J］. 珠江经济，

2008（4）.

［42］仲平，彭斯震，贾莉，等. 中国碳捕集、利用与封存技术研发与示范［J］. 中国人口·资源与环境，2011，21（12）.

［43］周永生. 广东生态环境若干问题［J］. 生态科学，1983（1）.

［44］朱小丹. 广东探索主体功能区建设新路子［J］. 行政管理改革，2011（4）.

［45］朱小丹. 走向社会主义生态文明新时代［J］. 人民论坛，2016（34）.

［46］陈二厚，董峻，王宇，刘羊旸. 为了中华民族永续发展——习近平总书记关心生态文明建设纪实［N］. 人民日报，2015－3－10（1）.

后　　记

2018年，中国迎来了改革开放40周年。广东作为全国改革开放的排头兵、先行地、实验区，在党中央的坚强领导下，始终高举改革开放旗帜，进行了持续不断的探索实践。广东的实践，不但见证了我国改革开放40年的伟大历程，更是我国实现历史性变革的生动缩影。为系统总结广东改革开放的成就与经验，为继续深化改革、扩大开放，努力建设“两个重要窗口”提供理论和实践指导，中共广东省委宣传部策划了“广东改革开放40年研究丛书”。丛书共分14本，《广东生态文明建设40年》即是其中一本。

《广东生态文明建设40年》是广东省社会科学院集体研究成果。省社会科学院赵细康副院长为主编，负责审定撰写框架、明确成果要求，并对成果进行了审阅。省社会科学院环境经济与政策研究中心曾云敏主任负责具体执行工作。本书各章节分工情况如下：第一章由曾云敏、李文见负责撰写，第二章由石宝雅负责撰写，第三章由吴大磊、方昱负责撰写，第四章由石宝雅、杨琳负责撰写，第五章由吴大磊、王青负责撰写，第六章由王丽娟、王青负责撰写，第七章由赖小东负责撰写，第八章由王丽娟、李文见负责撰写，第九章由李成、黄祥缘负责撰写。全书由曾云敏同志负责统稿。

全书以习近平生态文明思想为统领，结构上按照总—分—总的逻辑展开。开篇首先对广东生态文明建设的总体历程、主要成就和经验进行了回顾总结，然后分别从国土空间开发、资源能源利用、生态建设、环境保护、低碳发展、制度建设和生态文化等具体领域分别进行系统阐述，最后从展望未来的视角提出新时代广东生态文明建设的新使命。每一章原则上也是按照基本历程、主要成就和主要经验3个方面展开，并努力做到史论结合、论从史出。由于写作人员的水平和时间所限，难免存在瑕疵和纰漏，恳请广大读者批评指正。

本书撰写出版的工作量较大，感谢中共广东省委宣传部、广东省社会科学院，以及广东省的相关部门在资料收集和撰写出版过程给予的大力支持和帮助，感谢中山大学出版社工作人员的辛勤劳动。

编者

2018年11月